Friedemann Müller
Zur Geschichte der nicht
gelungenen Klimapolitik

Friedemann Müller

Zur Geschichte der nicht gelungenen Klimapolitik

Über die Schuldfrage und Handlungsmöglichkeiten

Tectum Verlag

Friedemann Müller
Zur Geschichte der nicht gelungenen Klimapolitik
Über die Schuldfrage und Handlungsmöglichkeiten

ISBN 978-3-8288-4908-2
ePDF 978-3-8288-5036-1
ePub 978-3-8288-5040-8

Umschlaggestaltung: © Tectum Verlag, unter Verwendung des Bildes # 194080021 von Tryfonov | https://stock.adobe.com

Gesamtverantwortung für Druck und Herstellung bei der Nomos Verlagsgesellschaft mbH & Co. KG

Printed in Germany

Besuchen Sie uns im Internet
www.tectum-verlag.de

Bibliografische Informationen der Deutschen Nationalbibliothek
Die Deutsche Nationalbibliothek verzeichnet diese Publikation in der Deutschen Nationalbibliografie; detaillierte bibliografische Angaben sind im Internet über http://dnb.d-nb.de abrufbar.

Inhaltsverzeichnis

Vorwort

Auf der Zielgeraden eines Lebens blickt man gerne zurück, denkt darüber nach, was gelungen ist und was eher nicht, wie viel Glück man gehabt und wie viel Missglücktes man erlebt hat. Wenn auf der Glückseite sich verbuchen lässt, das Aufwachsen von Enkelkindern mitzuerleben, dann denkt man auch mit Neugierde nach vorne und fragt sich, was ihnen wohl alles bevorsteht. Wenn man dann noch auf einen Schwerpunkt im Beruf zurückblickt, der sich mit einer Zukunft befasste, die vor allem die Enkelgeneration betrifft und diese Generation heute schon auf die Straße treibt, dann möchte man gerne erklären, wie es dazu kam, wo wir heute stehen.

Kaum jemand von denen, die auf die Straße gehen und für eine wirksamere Klimapolitik demonstrieren, wissen, wie die Klimapolitik entstanden ist, welche Fortschritte sie gemacht hat und welche Fehlentwicklungen daraus entstanden sind. Die fast 200 souveränen Staaten haben sehr unterschiedliche Interessen je nach ihrem Entwicklungsgrad, ihrer geografischen Lage (manche mögen's in der Tat ein bisschen wärmer), nach ihren Exportmöglichkeiten (Öl, Gas, Kohle) und ihrer Wahrnehmung der Dringlichkeit einer globalen Lösung.

Am Ausgangspunkt der internationalen Klimapolitik in den späten 1980er Jahren stand die Erkenntnis, dass die Entwicklungs- und Schwellenländer mit ihren damals 4,5 Milliarden Einwohnern nicht den Entwicklungspfad der Industrieländer (ca. 1 Milliarde Einwohner) nachahmen dürfen, sonst würde, gemessen an menschlichen Bedürfnissen, die Ökosphäre mit Kollapserscheinungen reagieren. Zugleich haben diese

Länder ein unbestreitbares Recht auf Entwicklung. Dies stellt die Frage nach einer gerechten Lösung und entsprechend einer angemessenen Lastenteilung. Dazu gab es niemals, auch heute nicht, eine Diskussion, die der Tragweite des Problems angemessen gewesen wäre. Die einen argumentieren, wenn wir in den Industrieländern unseren Lebensstil ändern und technologisch auf erneuerbare Energien umstellen, reduzieren wir nicht nur unseren unangemessen hohen Anteil an den Treibhausgasen, sondern sind Vorbild für andere, denen wir dann bei ihren notwendigen Investitionen behilflich sein können. Die anderen argumentieren, dass Rahmenbedingungen geschaffen werden müssen, um klimafreundlicher Technologie zum Durchbruch zu verhelfen. Tatsache ist, dass das Bemühen, die Entwicklungs- und Schwellenländer auf einen moderneren Entwicklungspfad als den der Industrieländer in den vergangenen hundertfünfzig Jahren zu geleiten, weitgehend gescheitert ist. Im Jahr 2021 fand mehr als die Hälfte der globalen Kohleverbrennung (54 %) in China statt. An zweiter Stelle stand Indien mit 13 Prozent. 36 Prozent der Weltbevölkerung waren für zwei Drittel der globalen Kohleverbrennung zuständig und beide Länder bauen weitere Kohlekraftwerke. China emittiert pro Kopf mehr Kohlendioxid als die EU. Wie konnte es dazu kommen? Drehen wir, wenn wir uns auf die Fortschritte und Defizite unserer nationalen Klimapolitiken konzentrieren, nicht an zu kleinen Schräubchen, um ein globales Problem zu lösen?

The evidence is compelling, if not yet definite, that the risk of climate change poses the greatest threat ever to global security.
Maurice Strong, UNCED-Generalsekretär, Juni 1992

You are failing us. But the young people are starting to understand your betrayal. The eyes of all future generations are upon you. And if you choose to fail us, I say: We will never forgive you.
Greta Thunberg, UN Climate Summit Action, September 2019

Liebe Enkel und nach der Jahrtausendwende Geborene,

als Opa treibt mich der Vorwurf von Greta Thunberg um. Sie macht sich zur – und ist ja auch – Sprecherin einer Generation der um die Jahrtausendwende und danach Geborenen, und sie richtet den Vorwurf vor allem gegen eine Generation, nämlich meine, die eine katastrophale globale Klimaerwärmung hätte verhindern können, es aber nicht getan hat. Ich stimme dem Vorwurf der entgangenen Chance zu, bin aber bei der Schuldzuweisung anderer Meinung. Ganz grundsätzlich denke ich, dass die Schuldzuweisung auch im politischen Urteil am Ende einer gründlichen Untersuchung stehen sollte und nicht am Anfang, wie dies so oft im zwischenmenschlichen Gespräch oder in den Medien geschieht. Sehr häufig ist die Schuldfrage gar nicht lösbar, oder sie ist nicht der interessanteste Teil der Frage, warum wir dort gelandet sind, wo wir heute stehen. Es geht mir also nicht um die Klärung dessen, wer Schuld hat, auch nicht um die Umkehrung des Vorwurfs, sondern um das Spannungsverhältnis zwischen dem Zitat von Maurice Strong und dem von Greta Thunberg, darum, welche komplexen Mechanismen mitspielen, wenn ein gesellschaftliches Problem erkannt worden ist, die Lösung des Problems aber drei Jahrzehnte später als nicht gut gelungen anzusehen ist. Als ob der Klimawandel nicht schon genug Stoff für diese Abhandlung böte, geht es mir auch um eine verpasste Chance, ein Zeichen zu setzen, dass das Zeitalter des Kolonialismus zu Ende geht.

Ich habe die Diskussion um die Bekämpfung des menschengemachten Klimawandels ab 1992 beobachtet und zu beeinflussen versucht. Aus dieser Erfahrung möchte ich darstellen, wie dieser Prozess verlaufen ist und warum er letztlich, gemessen an dem schriftlich fixierten Willen praktisch aller Staaten, so wenig erfolgreich verlaufen ist. Dazu muss ich zuerst beschreiben, wie die über viele Jahrzehnte gewachsene Erkenntnis der Klimatologen, dass politisches Handeln erforderlich ist, um katastrophalen Schaden von unserem Ökosystem abzuwenden, in der internationalen Politik Fuß gefasst hat.

Die Entstehung der internationalen Klimapolitik bis zum Erdgipfel

Zwischen 1987 und 1992 hat die Welt nicht nur ein globales Problem erkannt, sondern auch durch verantwortliches Handeln ein Beispiel für Global Governance gegeben.

Klimatologen diskutieren seit dem späten 19. Jahrhundert, ob die menschengemachte Emission verschiedener Gase, insbesondere aber des Kohlendioxids (CO_2), das bei der Verbrennung von Kohle, Öl oder Gas zusätzlich zur natürlichen CO_2-Konzentration entsteht, in der Atmosphäre einen Treibhauseffekt auslöst. Die erhöhte Konzentration der Treibhausgase in der Atmosphäre dämpft im Vergleich zu ihrer natürlichen Stärke die Reflexion der Sonneneinstrahlung zurück ins Weltall. Das heißt, mehr von der Sonnenenergie wird in der Ökosphäre belassen. Dadurch wird eine Erwärmung bewirkt. Auch bei der Holzverbrennung wird CO_2 freigesetzt, doch werden diese Emissionen durch die Fotosynthese beim Pflanzenwachstum mit ihrem umgekehrten Effekt neutralisiert, solange die Bestände an Wäldern und anderem Pflanzenwachstum gleichbleiben. Natürlich besteht die Gefahr, dass diese Bestände nicht gleichbleiben. Die tropischen Regenwälder werden aus wirtschaftlichen Gründen schneller abgeholzt oder verbrannt, als sie nachwachsen. Hier entsteht bereits ein Problem: Kann die Weltgemeinschaft aus globalem Interesse den betreffenden Ländern untersagen, ihre wirtschaftlichen Interessen umzusetzen, oder gibt es Instrumente, diese Länder in das globale Interesse einzubinden?

Kohle, später Öl und noch später Erdgas werden seit Beginn der Industrialisierung im frühen 19. Jahrhundert immer stärker genutzt, um Maschinen zu betreiben, Transportmittel in Bewegung zu setzten, Strom, Wärme und Licht zu erzeugen. Was im Boden zu Kohle, Öl oder Gas gepresst wurde, ist vor Hunderten von Millionen Jahren aus organischen Kohlestoffen entstanden und wurde über einen sehr langen Zeitraum der Ökosphäre entzogen. Nun wurde ein großer Teil davon in erdgeschichtlich extrem kurzer Zeit von ca. 200 Jahren in die Ökosphäre zurückgepumpt. Es hat bis in die 1980er Jahre gedauert, bis klar wurde, dass politisches Eingreifen notwendig ist. Dabei handelte es sich ja nicht um ein regional irgendwie eingrenzbares Problem, vielmehr um ein globales, das globalste, das wir kennen. Um aber die gesamte Welt politisch zu aktivieren, bedarf es einer größeren Anstrengung als für die Lösung eines lokalen Problems. Ein Begriff, der im Zusammenhang mit dem Brundtland-Bericht entstanden ist, *Global Governance*, weckte Hoffnung, dass die Welt in Zukunft besser als in der Vergangenheit zu gemeinsamen Lösungen von globalen Problemen befähigt sein würde.

In den 1980e Jahren hat sich das wachsende Bewusstsein für die Notwendigkeit einer nachhaltigen Entwicklung in politischen Aktivitäten niedergeschlagen. 1983 wurde die „Weltkommission für Umwelt und Entwicklung“ von den Vereinten Nationen einberufen, die 1987 ihren nach der Kommissionsvorsitzenden, der langjährigen norwegischen Ministerpräsidentin, „Brundtland-Bericht“ genannten Report *Our Common Future* veröffentlichte. In der deutschen Ausgabe schrieb deren Herausgeber und Kommissionsmitglied Volker Hauff: „Dauerhafte Entwicklung ist eine Entwicklung, die die Bedürfnisse der Gegenwart befriedigt, ohne zu riskieren, dass künftige Generationen ihre eigenen Bedürfnisse nicht befriedigen können“[1]. Das Risiko, auf Kosten künftiger Generationen zu leben, wurde schon vor mehr als einer Generation erkannt und ernst genommen. Interessant ist, dass zu dieser Zeit das Wort „nachhaltig" in dem Sinne, wie es heute gebraucht wird, noch nicht existierte. Genauer gesagt, es existierte in der Forstwirtschaft und hat sich erst allmählich in allgemeinerer Form als Begriff durchgesetzt wie im Englischen das Wort „sustainable". Volker Hauff, der in der sozialliberalen Regierung von Helmut Schmidt in den späten 1970er Jahren Minister für Forschung und Technologie war, benutzte noch den Begriff „dauerhaft".

Im selben Jahr 1987 hat der Deutsche Bundestag eine Enquete-Kommission „Vorsorge zum Schutz der Erdatmosphäre" mit den Schwerpunkten Ozonloch, Treibhauseffekt und Schutz der Regenwälder ins Leben gerufen. Schließlich fand 1988 in Toronto die erste Weltklimakonferenz statt, die auf die Dringlichkeit politischen Handelns hinwies. In diesem Zusammenhang wurde auch 1988 der Weltklimarat IPCC (Intergovernmental Panel on Climate Change) von den beiden Unterorganisationen der Vereinten Nationen UNEP (Umweltprogramm) und WMO (Weltorganisation für Meteorologie) konstituiert.

Ebenfalls in den 1980er Jahren wurde ein anderes, dem Treibhauseffekt verwandtes Problem erkannt und dank entschlossenem politischen Handeln kontrolliert und hoffentlich langfristig auch gelöst: Durch die Emission von FCKW (Fluorchlorkohlenwasserstoff) war die Ozonschicht, die vor UV-Strahlen schützt, in der Atmosphäre angegriffen worden, das „Ozonloch" war entstanden. Anders als bei den Treibhausgasen, die sich über die Erdatmosphäre gleichmäßig verteilen, erfolgte die Perforierung der Ozonschicht nicht ganz gleichmäßig über den Erdball hinweg. Besonders betroffen war die Region Australien und Neuseeland. Da weltweit nur wenige Unternehmen FCKW einsetzten, um insbesondere Kühlgeräte funktionsfähig zu machen, und es Alternativen, wenn auch teurere, gab, konnte ein FCKW-Verbot unter wettbewerbsneutralen Bedingungen ausgehandelt werden (Wiener Konvention 1985, Montreal-Protokoll 1987). Diese politische Lösung wird häufig auch für die Bekämpfung der Klimaerwärmung als Vorbild herangezogen und die Überlegung angestellt, warum dieses Problem mit politischen Mitteln eingehegt werden konnte, während uns die Klimaerwärmung viele Jahrzehnte später noch beschäftigt. Hans Joachim Schellnhuber, der damalige Direktor des Potsdam-Instituts für Klimafolgenforschung, sagte in einem Interview zum Klimaproblem: „Wir reden hier nicht vom Ozonloch, das sich im Vergleich zum Klimawandel mit Geld aus der Portokasse stopfen lässt."[2] Die Schrittfolge einer Konvention, gewissermaßen einer Absichtserklärung, und einem folgenden völkerrechtlich verbindlichen Abkommen (Protokoll) wurde allerdings auch für den globalpolitischen Umgang mit dem Klimaproblem übernommen. Doch die Herausforderung zur Lösung dieses Problems ist umfassender, denn praktisch jeder Mensch nutzt Energie, die aus der Verbrennung von Kohle, Öl oder Gas rührt. Wie immer man den Ausstieg aus fossiler Energie gestaltet, es kostet dramatisch viel Geld, über dessen Verfügbarmachung man sich mehr Gedanken machen sollte. Wenn man hier keine Lösung findet, kosten die dann folgenden Schäden noch viel mehr Geld. Ein abruptes und totales Verbot von CO_2- und anderen Treibhausgasemissionen würde jedoch mangels schnell zu organisierender Alternativen zu einem Stillstand des menschlichen Lebens führen.

Das Ergebnis des Brundtland-Berichtes (1987) und die Vorlage des ersten Sachstandberichtes des IPCC (1990)[3] führten zur bis dahin größten Konferenz aller Zeiten, der United Nations Conference on Environment and Development (UNCED) in Rio de Janeiro im Juni 1992, genannt Erdgipfel, an der etliche Staats- und Regierungschefs, auch Bundeskanzler Kohl, teilnahmen. Auf dieser Konferenz wurden mehrere Abkommen unterzeichnet, darunter die Rio-Deklaration, die Agenda 21, eine Konvention über die biologische Vielfalt, eine Walderklärung, vor allem aber die Klimarahmenkonvention (United Nations Framework Convention on Climate Change,

UNFCCC), der heute 198 Staaten und die EU angehören. Diese Konvention ist die Basis aller internationalen und globalen Abkommen zur Bekämpfung des menschengemachten Klimawandels unter dem Dach der Vereinten Nationen. In Artikel 2 dieser Konvention haben sich alle relevanten Staaten der Erde verpflichtet, „eine gefährliche anthropogene (d. h. menschengemachte) Störung des Klimas zu verhindern". Der Grenzwert, ab wann eine Störung des Klimas vorliegen soll, wurde im weiteren Verlauf bei einer Treibhausgaskonzentration von 450 ppm (parts per million) gegenüber den in vorindustrieller Zeit über lange Zeiträume stabilen 280 ppm angegeben. Sofern es immer noch Zweifler gibt, die argwöhnen, dass die messbare globale Erwärmung im 20. und 21. Jahrhundert nicht menschengemacht, sondern ein Phänomen ähnlich den wärmeren und kälteren (kleine Eiszeit) Phasen in früheren Jahrhunderten ist, sei ihnen die wissenschaftlich unstrittige Erhöhung der Treibhausgaskonzentration in der Atmosphäre um fast 50 Prozent gegenüber der natürlichen innerhalb der letzten 200 Jahre vor Augen geführt. Der Zusammenhang mit den von Menschen verursachten Treibhausgasemissionen kann wissenschaftlich nicht in Frage gestellt werden.

Um für die Öffentlichkeit ein verständlicheres Ziel als 450 ppm zu definieren, wurde viel später im Pariser Klimaabkommen (2015) als Grenzwert, der mit dem Ziel von Artikel 2 UNFCCC vereinbar ist, eine globale durchschnittliche Erwärmung von deutlich unter 2 Grad Celsius, möglichst nahe bei 1,5 Grad, festgelegt. Über das Ziel herrscht seit über 30 Jahren Einigkeit, über den Weg, zu diesem Ziel zu gelangen, gehen die Vorstellungen, was den Ordnungsrahmen und die Lastenteilung betrifft, weit auseinander. Wenn Greta Thunberg und andere mahnen, das Pariser Klimaabkommen einzuhalten, können sie sich nur auf das Ziel, nur sehr eingeschränkt auf die dort eingegangenen Verpflichtungen berufen. Die häufige Verwechslung im medialen Diskurs von vereinbartem Ziel und völkerrechtlich verbindlich festgelegten Verpflichtungen begründet ein fundamentales Defizit und ist ein wesentlicher Teil der unbefriedigenden Auseinandersetzung in der öffentlichen Diskussion.

Die spezielle deutsche Verantwortung

Deutschland hat eine Vorreiterrolle übernommen, die international hohe Erwartungen geweckt hat.

Die Bundesrepublik Deutschland profitierte im Kalten Krieg in besonderer Weise von dem sicherheitspolitischen Schirm vor allem der USA und suchte nach Gelegenheiten, als eine der größten Wirtschaftsmächte im zivilen Bereich mindestens in Europa Führung zu übernehmen. Hier bot sich eine Gelegenheit. 1987 hat der Bundestag, wie bereits erwähnt, eine Enquete-Kommission „Vorsorge zum Schutz der Erdatmosphäre" ins Leben gerufen. Diese Kommission befasste sich erstens mit dem Problem „Ozonloch", zweitens mit dem Treibhauseffekt, der zur Klimaerwärmung führt, wobei vor allem durch die Verbrennung fossiler Energie das Treibhausgas Kohlendioxid (CO_2) freigesetzt wird, und drittens mit dem „Schutz der tropischen Wälder". 1988 legte sie den ersten Bericht *Schutz der Erdatmosphäre*, 1990 den Bericht *Schutz der tropischen Wälder* und ebenfalls 1990 den Gesamtbericht vor.[4] In der folgenden 12. Legislaturperiode des Bundestages wurde erneut eine Enquete-Kommission eingesetzt. Dort heißt es im Abschlussbericht:

> „Setzen sich sowohl diese CO_2-Emissionen als auch Emissionen der anderen klimarelevanten Spurengase ungebrochen fort, so wird im globalen Mittel die Temperatur bis zum Ende des nächsten Jahrhunderts um 3 plus/minus 1,5 Grad Celsius steigen. Dies wird in der internationalen Wissenschaft nicht mehr in Frage gestellt."[5]

Diese Berichte fanden international viel Anerkennung und boten für das Vorhaben der Weltkonferenz in Rio de Janeiro 1992 neben dem Sachstandsbericht des Weltklimarats einen der besten Einblicke in das Klimaproblem einschließlich konkreter Empfehlungen für Emissionsbegrenzungen.

Deutschlands Engagement wurde durch die Gründung des Potsdam-Instituts für Klimafolgenforschung (1992) und schon vorher durch die Gründung des Wuppertal Instituts für Klima, Energie und Umwelt (1991), aber auch durch die Teilnahme von Bundeskanzler Helmut Kohl an der Konferenz in Rio unterstrichen. Bundesumweltminister Klaus Töpfer war einer der international am stärksten engagierten Politiker beim Thema Klimawandel und eine treibende Kraft, um die Klimarahmenkonvention zur Verabschiedung zu bringen. Um diesem von zunächst 154 Staaten unterzeichneten Abkommen weltweit Gewicht zu verleihen, wurde festgelegt, dass es von den Parlamenten der Vertragsstaaten ratifiziert werden musste und 90 Tage, nachdem der fünfzigste Staat seine Ratifikationsurkunde hinterlegt hatte, in Kraft treten sollte. Diese Quote wurde im März 1994 erreicht, was jährliche Vertragsstaatenkonferenzen in Gang setzte.

Die erste Vertragsstaatenkonferenz (Conference of Parties, COP 1) fand auf Einladung der Bundesregierung im April 1995 in Berlin statt. Umweltminister Klaus Töpfer wollte in Vorbereitung der Konferenz erfahren, wie die großen Länder der Erde zu dem Problem der Klimaerwärmung standen. Ich wurde gebeten, dies für Russland zu erarbeiten. So führte ich in Moskau recht hochrangige Gespräche, unter anderem mit Professor Yuri Izrael, dem Vizepräsidenten der Weltorganisation für Meteorologie (WMO) und des Weltklimarats IPCC und Leiter einer von dessen drei Arbeitsgruppen. Im Rahmen einer differenzierteren Diskussion sagte er mir, ein Anstieg der globalen Durchschnittstemperatur um 2 Grad Celsius wäre für Russland nicht so schlecht. Ähnlich dachten manche

Entscheidungsträger in Kanada. Dies ist ein Beispiel dafür, wie kompliziert es ist, die unterschiedlichen Interessen der beteiligten Länder im Sinne des Ziels der Klimakonvention zu vereinigen. Andere divergierende Interessen findet man bei Staaten, die Öl oder Gas, auch Kohle verkaufen wollen. Staaten, deren Anteil am Export und am Staatshaushalt zu mehr als oder annähernd 50 Prozent durch Öl- oder Erdgasproduktion abgedeckt wird, findet man vor allem am Persischen Golf und in Nordafrika, aber auch in Venezuela und Russland. Auch ein westlich orientiertes Land wie Australien ist führend bei Kohleexporten. Diese Länder galten als Bremser bei der Verhandlung globaler Abkommen. In vielen Entwicklungsländern herrscht wiederum das Argument vor, dass die Industrieländer das Problem geschaffen hätten und es auch lösen sollten. An unterschiedlichen oder divergierenden Zugängen zur Lösung dieser globalen Aufgabe besteht kein Mangel.

Eine im politischen Alltag nicht ungewöhnliche Begebenheit hatte in meiner Wahrnehmung einen entscheidenden Einfluss auf die deutsche Klimapolitik. Klaus Töpfer wurde nach der Bundestagswahl im November 1994 trotz seiner internationalen Reputation wenige Monate vor der Berliner Konferenz (COP 1) nicht wieder als Umweltminister, sondern als Bauministerium berufen. Töpfer war im Mai 1994 wohl wegen seiner Verdienste um die Rio-Konferenz zusätzlich zu seinem Ministeramt zum Vorsitzenden der Kommission für nachhaltige Entwicklung (Commission for Sustainable Development, CSD) der Vereinten Nationen berufen. In einem Interview mit der *Zeit*, das im Zusammenhang mit dieser Berufung geführt wurde, sagte er unter anderem:

> „Wir brauchen die europäische CO_2/Energiesteuer. Und wir brauchen eine europäische Regelung zur Begrenzung der CO_2-Emissionen beim Auto, mit dem Durchschnittswert von maximal fünf Liter pro hundert Kilometer.“[6]

Der Wirtschaftsflügel der CDU und der Koalitionspartner FDP hatten Bedenken gegen eine weitere Amtszeit Töpfers im Umweltministerium. Auch gab es Gerüchte, dass Töpfer – gerade wegen seiner Kompetenz – gegenüber dem Kanzler für dessen Geschmack zu eigenwillig auftrat. Töpfer führte sein Amt als Bauminister dann nicht bis zum Ende der Legislaturperiode. Er wurde im Dezember 1997 von der Generalversammlung der Vereinten Nationen zum Exekutivdirektor des Umweltprogramms UNEP und zum Stellvertretenden Generalsekretär der Vereinten Nationen gewählt. Bundesumweltministerin wurde die vierzigjährige vormalige Ministerin für Frauen und Jugend Angela Merkel.

Ich war im Frühjahr 1995 eingeladen worden, für die Rede des Bundeskanzlers zum Auftakt der Vertragsstaatenkonferenz COP 1 einen Entwurf zu erstellen. Als Regierungschef des Gastgeberlandes hatte Helmut Kohl das Privileg, die Konferenz zu eröffnen. Die Rede wurde in einem mehrstufigen Verfahren entworfen. Zuletzt saß ich im Kanzleramt mit allen drei Redenschreibern des Kanzlers mehrere Stunden zusammen, bis der endgültige Entwurf stand. Der Kanzler hielt die Rede dann nicht und beließ es bei einem Grußwort, um der neuen Umweltministerin Angela Merkel nicht die Schau zu stehlen.

Auf der von Angela Merkel geleiteten Konferenz im April 1995 wurde das ständige Klimasekretariat der Vereinten Nationen nach Bonn vergeben, wo es bis heute mit ca. 400 Mitarbeitern aus über 100 Ländern seinen Sitz hat. Dort werden vor allem die erforderlichen statistischen Erhebungen für alle Länder der Erde durchgeführt und die jährlichen Vertragsstaatenkonferenzen häufig im Rahmen umfassender Vorkonferenzen vorbereitet. Insbesondere findet im Rahmen der COP-Vorbereitungen der Petersberger Klimadialog, genannt nach dem Petersberg bei Bonn, nunmehr in der Regel im Auswärtigen Amt in Berlin statt. Diese Präferenz für Deutschland bei der Vergabe der ersten Vertragsstaatenkonferenz und des UN-Sekretariats war mit der Erwartung verbunden, dass von hier Impulse für Strategien zur Lösung des *globalen* Problems ausgehen würden. Dem wurde das Land nicht gerecht. Die nationale Klimapolitik erhielt in der öffentlichen Diskussion und im politischen Agieren den Vorrang bei der Formulierung klimapolitischer Ziele. Deutschlands Anteil an den globalen CO_2-Emissionen ist nach 1990 (4,8 %), dem Jahr der Wiedervereinigung, auf weniger als die Hälfte abgesunken. Er liegt nun (im Jahr 2023) bei unter 2 Prozent der globalen Emissionen. Es reicht für ein Land mit den internationalen Einflussmöglichkeiten und Verpflichtungen Deutschlands jedoch einfach nicht aus, sich ganz überwiegend um eine weitere Absenkung des eigenen marginalen Anteils zu kümmern. In der öffentlichen Diskussion geht es in Deutschland aber praktisch nur um die Erreichung selbst gesteckter nationaler Ziele oder um medial spektakulär aufzubereitende Details einer Klimapolitik, etwa um den Braunkohleabbau im Zusammenhang mit dem vorgezogenen Kohleausstieg oder um die Frage einer verlängerten Laufzeit der noch bestehenden Kernkraftwerke, die nur eine kaum messbare Absenkung des 2-Prozent-Beitrages zur globalen Emission bewirken können. Fatih Birol, seit 2015 Chef der Internationalen Energieagentur in Paris, meinte in einem Interview: „Ich fände es sehr gut, wenn Deutschland auch international aktiver würde, um vor allem in Asien, Afrika und Lateinamerika mehr Momentum für den Klimaschutz zu schaffen."[7] Viel zu viel politische Kraft, auch Empörungspotential, wird in diesem Land für minimale Lösungsbeiträge aufgewendet, während diese Kraft, oder eben zusätzliches Engagement, dringend gebraucht würde, um die 98 Prozent der globalen CO_2-Emissionen in Bahnen zu lenken, damit das Erreichen des vor über 30 Jahren in der Klimarahmenkonvention genannten Zieles ermöglicht wird.

Der Verlust der Dynamik nach 1992

Das Tempo der ersten fünf Jahre der Global Governance konnte nicht aufrechterhalten werden. Naturgemäß folgte dem globalen Abkommen eine Phase des prozeduralen Einarbeitens, die das Momentum schwächte.

Gemessen daran, dass das Thema Klimaerwärmung vor 1987 in der öffentlichen Wahrnehmung und der politischen Debatte noch keine Rolle gespielt hat, ist die Dynamik, die in den folgenden fünf Jahren entstand und sich zu einem internationalen Regelwerk verdichtete, im Rückblick durchaus erstaunlich. Die wissenschaftlichen Erkenntnisse erreichten durch die Weltklimakonferenz in Toronto, durch den ersten Sachstandsbericht des IPCC, auch durch die Ergebnisse der Enquetekommission des Bundestages ein hohes Niveau, und der politische Wille, diese Erkenntnisse zu verstetigen, schlug sich unter anderem in der Gründung großer Forschungsinstitute nieder. Die Klimarahmenkonvention (1992) hatte trotz der divergierenden Interessen eine Gesamtverantwortung der Weltgemeinschaft geschaffen. Nun galt es, diese in konkretes Handeln zu überführen. Dass in den darauffolgenden Jahren die Dynamik erlahmte, lag auch an dem unvermeidlichen Prozess, bis die Arbeit im Rahmen der Klimarahmenkonvention aufgenommen werden konnte. Um die Ratifikation des Abkommens in hinreichend vielen Parlamenten zum Abschluss zu bringen, brauchte es Zeit, die von keiner Seite global gesteuert und verkürzt werden konnte. Ein weiteres Jahr verging, bis die erste Vertragsstaatenkonferenz (COP 1) 1995 stattfand. Auf dieser wurden wiederum vor allem wichtige Verfahrensregeln zu den Aufgaben der jährlich geplanten Konferenzen sowie der Standort des künftigen Klimasekretariats der Vereinten Nationen (ab 1996 in Bonn) festgelegt. Es dauerte dann bis COP 3 (1997 in Kyoto), bis das erste völkerrechtlich verbindliche Abkommen geschlossen wurde, das aber nur etwa ein Sechstel der Weltbevölkerung zu verbindlichen Emissionsbegrenzungen verpflichten konnte.

In der ersten Hälfte der 1990er Jahre befassten sich dagegen umso mehr die Umweltökonomie und die Umweltaktivisten mit dem relativ neuen Thema des Klimawandels. Bei der Umweltökonomie handelte es sich allerdings um Publikationen, die recht wenig Ausstrahlung über die eigene wissenschaftliche Community hinaus genossen. Die Umweltaktivisten und ihre Organisationen wie NABU, ursprünglich ein Vogelschutzbund und nach der deutschen Wiedervereinigung neu gegründet, BUND (gegründet 1975, vom Staat als Umwelt- und Naturschutzverband im Rahmen des Naturschutzgesetzes anerkannt) oder Greenpeace (1971 als Friedensinitiative gegründet, Deutsche Greenpeace dann ab 1980) haben durch ihre Aktivitäten und ihre Präsenz bei großen Konferenzen wie der UNCED in Rio dagegen wesentlich mehr mediale Aufmerksamkeit auf sich gezogen. Dies hat in der zweiten Hälfte der 1990er Jahre zu einer Gewichtsverlagerung bei dem Umgang mit der politischen Lösung geführt.

Viel Problem- und wenig Lösungsdiskussion

Der große Sündenfall: Der unendlichen Problemdiskussion folgte keine öffentliche Lösungsdiskussion.

Politiker zeigen sich gerne mit schmelzenden Gletschern im Hintergrund, sei es in den Alpen oder der Arktis. Von den Medien haben sie gelernt, dass solche Bilder ebenso wie hilflose Eisbären auf Eisschollen gesehen werden wollen, um den Eindruck zu bestärken, dass hier ein Menschheitsproblem erkennbar wird und dass sie es erkannt haben. Konfliktgeladener sind Bilder über Demonstrationen zum Beispiel gegen den Betrieb von Braunkohleabbau oder verbunden mit Schule-Schwänzen oder einfach Verkehrsblockaden durch Festkleben auf der Straße. Hier wird das Bemühen, auf ein Problem aufmerksam zu machen, mit einer bewussten Rechtsverletzung verbunden, um die besondere Dringlichkeit hervorzuheben. Solche Demonstrationen einschließlich der Frage, ob die Rechtsverletzungen gerechtfertigt oder gar für das Anliegen kontraproduktiv sind, beschäftigen die Medien tage- oder wochenlang immer wieder von Neuem. Wer keinen Wintersport betreibt, ist gegen Schneekanonen und Stromverbrauch für Skilifte. Wer sich ein Leben ohne Skifahren nicht vorstellen kann, verweist darauf, dass ein Flug auf die Kanaren einen größeren ökologischen Fußabdruck hinterlässt. Auch dies kann die Medien umfassend beschäftigen. Wenn Greta Thunberg mit dem Segelschiff nach New York fährt, wird argumentiert, dass allein die Berichterstattung darüber in den neuen Medien ein Vielfaches der

Treibhausgasemissionen eines Transatlantikfluges verursacht. Insbesondere vor den jährlichen internationalen Klimakonferenzen werden zur Prime Time Berichte von Forschungsinstituten ausgestrahlt, wonach die letzten zehn Jahre noch heißer waren als alle Dekaden zuvor.

Gemeinsam ist diesen sich seit 30 Jahren wiederholenden medialen Präsentationen, dass sie auf ein Problem aufmerksam machen, das in den Jahren vor und nach 1990 erkannt worden ist und um dessen Lösung sich zu bemühen sich alle relevanten Staaten in der Klimarahmenkonvention 1992 bereit erklärt haben. Nun könnte man erwarten, dass dieser fortwährenden Diskussion um die Frage „Was ist das Problem?“ eine entsprechende Debatte über „Was ist die Lösung?“ folgt. Diese findet aber in der Öffentlichkeit nicht in vergleichbarem Maße statt. Die Lösungspfade werden je nach gesellschaftlicher Orientierung darin gesucht, dass wir, insbesondere in den Industrieländern, unseren Lebensstil ändern (Umweltbewusste) oder dass wir auf technische Entwicklungen setzen müssen (Technikgläubige). Wie sich aber ein Lebensstil global durchsetzen ließe, der das Ziel der Klimarahmenkonvention oder des Pariser Abkommens gesichert erreichen könnte, wird ebenso wenig diskutiert wie die globale Umstrukturierung im Sinne von klimaneutralen Technologien. Die vielen Demonstrationen bewegen sich zwischen Anklage und Selbstpreisung. Insbesondere die kritische Frage der globalen Lastenteilung, die sehr viel Zündstoff birgt, wurde zwar nicht in der wissenschaftlichen Debatte, aber von den Umweltverbänden, den Medien und der internationalen Politik weitgehend ausgeklammert. Hierzu zwei fundamentale Fragen: Erstens, sind die Länder, die seit dem 19. Jahrhundert den größten Teil der Treibhausgase in der Atmosphäre deponiert haben, den Ländern, die dies mangels industrieller Entwicklung nicht getan haben, etwas schuldig? Wenn ja, wie könnte die Begleichung dieser Schuld aussehen? Zweitens, kann man von Ländern, die pro Kopf unter dem

Weltdurchschnitt Treibhausgase emittieren, erwarten, dass sie Anstrengungen unternehmen, ihre Emissionen zu begrenzen? Wenn ja, mit welchen politischen Instrumenten könnte dies erfolgen, mit Druck, Anreiz, Solidaritätsappellen?

Viel Respekt verlangt mir ab, wenn jemand wie Luisa Neubauer ihr Engagement durchdenkt und in einem Buch festhält, in dem viele kluge Gedanken enthalten sind. Doch bewegt sich auch diese Schrift wie der Mainstream der Umweltaktivisten mehr im Bereich des vielfach plausiblen Vorwurfs oder der Anklage und nur auf individueller Ebene im Bereich der Verhaltensänderung derer, die es sich leisten könnten. Das reicht aber nicht zu Lösung des Problems. Der folgende Satz gibt wahrlich zu denken:

> „In den letzten dreißig Jahren hat das reichste Prozent der Welt, das sind etwa 63 Millionen Menschen, mehr als doppelt so viel CO_2 emittiert wie die ärmere Hälfte zusammen. Genau sie aber, die Ärmeren, trifft die Klimakrise am meisten."[8]

Sollte man nicht erwarten, dass ein Buch, das den Titel *Gegen die Ohnmacht* trägt, einen Vorschlag zur Behebung dieses schreienden Ungleichgewichts formuliert oder eine Auseinandersetzung mit den seit den 1990er Jahren vorliegenden Vorschlägen zu genau diesem Problem führt? Das erste völkerrechtlich verbindliche Abkommen, das Kyoto-Protokoll von 1997, ist ein Beispiel, wie man ein Abkommen schließt, das gut ist für die Besänftigung des eigenen Gewissens, aber schlecht für die Lösung des Problems – und eine Weichenstellung bedeutete, die bis heute eine zielführende Lösung verbaut.

Die Expertendebatte der 1990er Jahre

Zwischen dem ökonomischen Lösungsansatz und dem der Umweltverbände lagen Welten. Kein Journalist hat diese Kluft zum Thema gemacht.

Mit den politischen Aktivitäten der frühen 1990er Jahren nahm unter Experten eine Debatte Fahrt auf, wie die Vorgaben der Klimarahmenkonvention in reale Politik umgesetzt werden können. Ich habe mich an dieser Debatte in Form von Publikationen, Workshop- oder Konferenzeilnahmen und Beratungsgesprächen beteiligt. Wenn ich im weiteren Verlauf aus der eigenen Tätigkeit zitiere, dann soll dies nicht besagen, dass ich mich für einen besonders begabten oder einflussreichen Träger der Debatte halte. Vielmehr fällt mir der Zugriff auf die eigenen Beiträge leichter als bei den wichtigeren Wissenschaftlern. Ich möchte drei namentlich benennen, die ähnlich argumentieren wie ich und dabei viel mehr Spuren in der wissenschaftlichen Debatte hinterlassen haben: Zum einen ist dies *William Nordhaus*, der bereits in den 1970er Jahren ein Modell zur ökonomischen Untersuchung des Klimawandels erarbeitet, 1992 in der Zeitschrift *Science* einen Artikel „An optimal transition path for controlling greenhouse gases" veröffentlicht und 2018 den Ökonomie-Nobelpreis für seine klimapolitische Forschung erhalten hat. An zweiter Stelle nenne ich *Nicholas Stern*, ehemals Chefökonom der Weltbank und Verfasser des *Stern-Reports* (2006), dessen Kernaussage darin besteht, dass die Lösung des Klimaproblems zwar teuer, aber wesentlich (plus/minus um den Faktor 10) billiger als die Nichtlösung ist. Als dritten Vertreter der ökonomischen Denkschule möchte ich auf *Ottmar Edenhofer* verweisen, seit 2018 Direktor des Potsdam-Institut für Klimafolgenforschung. Er betont die Notwendigkeit der Bepreisung der CO_2-Emissionen. Als weitere Persönlichkeit dieser ökonomischen Liga könnte man Klaus Töpfer aufführen, der allerdings schon früh zunächst zwischen Wissenschaft und Politik pendelte und sich schließlich auf politische Ämter konzentrierte.

Dieser ökonomischen Denkschule standen in den 1990er Jahren – und haben bis heute tiefe Spuren in der Debatte hinterlassen – vor allem Umweltverbände, -aktivisten und Ökoinstitute gegenüber, die eine, wie man auf Neudeutsch sagt, Bottom-up-Lösung präferieren. Sie betonen, dass jeder Einzelne einen Beitrag zur Lösung des Problems liefern könne und solle, dass Deutschland Vorbild in seiner Umstrukturierung für andere sein müsse und deshalb zum Beispiel nur erneuerbare Energie, die im eigenen Land produziert werde, subventioniert werden solle (siehe das Erneuerbare-Energie-Gesetz). International sollen demnach die Industrieländer, die für die Entstehung des Problems verantwortlich sind und wesentlich höhere Pro-Kopf-Emissionen aufweisen, auf lange Zeit allein in die Pflicht zu Emissionsbegrenzungen genommen werden.

Der ökonomische Lösungsansatz beruht auf den Erkenntnissen der Umweltökonomie, wie sie in der ersten Hälfte des 20. Jahrhundert entwickelt wurde. Der englische Ökonom Arthur C. Pigou (1877–1959) gilt als deren wichtigster Begründer. William Baumol und Wallace Oates schrieben in ihrem 1988 erschienenen Buch *The Theory of Environmental Policy*: „When the 'environmental revolution' arrived in the 1960s, economists were ready and waiting".[9] Eine Grundaussage der Umweltökonomie ist, dass eine Verschmutzung der Umwelt die Kosten bei der Herstellung eines Gutes externalisiert, diese Kosten also von dem Produzenten auf eine anonyme Öffentlichkeit abgewälzt wird, anstatt sie dem Produzenten anzulasten. Zum Beispiel werden bei der Produktion von Strom in einem Kohlekraftwerk Schwefeldioxid (SO_2) und Stickoxide (NO_x) freigesetzt, welche die Luft in der weiteren Umgebung des Kraftwerks verschmutzen und damit gesundheitliche Schäden verursachen. Außerdem entsteht Kohlendioxid (CO_2), das in der Atmosphäre den Treibhauseffekt bewirkt. SO_2- und NO_x-Emissionen haben in den 1980er Jahren die öffentliche Aufmerksamkeit auf das „Waldsterben" gelenkt und damit auf Kosten, die durch die Emissionen der Gesellschaft aufgeladen wurden. Dies hat zur gesetzlichen Verpflichtung der Kraftwerke geführt, Filter einzubauen, welche die Emissionen radikal reduziert haben. Das heißt, die Kosten wurden weitgehend internalisiert, also den Produzenten oder, um auch diesen Begriff der Umweltökonomie einzuführen, dem Verursacher aufgebürdet. Dadurch haben sich die Stromkosten verteuert. Diese mussten nun von den Konsumenten des Stroms entsprechend ihrem Verbrauch getragen werden und haben zu einem Spareffekt geführt. Vor allem aber wurden die externalisierten Kosten, zum Beispiel gesundheitliche Schäden, drastisch reduziert und nicht Personen aufgeladen, die mit der Verursachung des Problems nichts zu tun hatten. Dieses Beispiel besagt auch, dass die Marktwirtschaft ihre Effizienz nur bewahrt, wenn externalisierte Kosten internalisiert werden oder, anders ausgedrückt, das *Verursacher-Prinzip* Anwendung findet. Werden Kosten externalisiert, weist die Kalkulation des Produzenten geringere Kosten aus, als tatsächlich entstehen. Somit kann das Gut billiger angeboten werden, als es der Knappheit des Gutes, zum Beispiel der Knappheit der Belastbarkeit der Atmosphäre, entspricht. Dies führt zu Verschwendung und Übernutzung öffentlicher Güter. So lautet das Prinzip 16 der auf dem UNCED-Gipfel in Rio de Janeiro unterzeichneten Rio-Deklaration von 1992:

> „Die nationalen Behörden sollen sich bemühen, die Internalisierung von Umweltkosten und den Einsatz wirtschaftlicher Instrumente zu fördern, wobei […] dem Ansatz Rechnung getragen wird, dass grundsätzlich der Verursacher die Kosten der Verschmutzung trägt."

Nun ist zwar, um in dem Beispiel zu bleiben, das Problem des Waldsterbens der 1980er Jahre durch die ordnungspolitischen Vorgaben, Filter einzubauen, weitgehend gelöst worden (das neuerliche Problem des „Waldsterbens" hat eine andere Ursache, nämlich klimabedingte Trockenheit). Nicht gelöst wurde jedoch das durch die Kohlekraftwerke entstehende Problem des Treibhauseffektes (CO_2-Emissionen). CO_2 kann nicht wie SO_2 und NO_x herausgefiltert und in einen festen Stoff umgewandelt werden. Selbst wenn es bei Kraftwerken theoretisch die Möglichkeit gibt, CO_2 in gasförmigem Zustand über Pipelines in bergbauliche unterirdische Lager zu deponieren (Carbon Capture Sequestration, CCS), eine in Deutschland umstrittene Technologie, so gilt dies nicht grundsätzlich für CO_2-Emissionen (Verkehr und Heizung).

Anders als bei FCKW-Emissionen ist eine globale ordnungsrechtliche Maßnahme, nämlich ein globales Verbot der CO_2-Emissionen, nicht möglich. Dies würde den Verkehr zu Wasser, in der Luft und auf dem Land, aber auch viele Produktionen in Industrie und Handwerk sowie die Wärmeerzeugung weitgehend zum Stillstand bringen. So muss ein Grenzwert für eine tolerierbare globale Emissionsmenge definiert werden, wie dies mit der akzeptierten Treibhausgaskonzentration in Höhe von 450 ppm bzw. mit dem 1,5-Grad-Ziel geschehen ist. Aus diesen Zielvorgaben lässt sich ein Budget errechnen. Das IPCC gab dieses Budget Anfang des Jahres 2020 mit 400 Gigatonnen (GT) an CO_2-Emissionen an. Für die Erlaubnis, eine Tonne CO_2 zu emittieren, muss ein Preis des Verursachers der Verschmutzung entrichtet werden. Dieser Preis muss so hoch sein, dass die Nutzer der Emission zum einen sparsamer mit Energieverbrauch und anderen CO_2-emittierenden Operationen umgehen, zum anderen auf emissionsfreie Alternativen (erneuerbare Energien), die ohne Emissionskosten relativ billiger sind, umsteigen, so dass die Emissionen den Grenzwert nicht übersteigen. Pigou hat hierfür eine Steuer vorgeschlagen, die unter der Bezeichnung „Pigou-Steuer" in die Literatur einging.

Bereits seit den späten 1980er Jahren gab es eine insbesondere von Umweltminister Klaus Töpfer betriebene Bemühung, eine CO_2-Steuer auf nationaler Ebene einzuführen. Dieses Vorhaben wurde zu Gunsten einer ähnlichen Bemühung der EU 1991 fallen gelassen. Die EU wollte eine kombinierte CO_2- und Energiesteuer (um die Kernenergie in die Besteuerung einzubeziehen) einführen. Dieses Projekt wurde kurz vor dem Erdgipfel in Rio wegen des möglichen Wettbewerbsnachteils an die Bedingung geknüpft, dass die USA und Japan eine ähnliche Steuer einführen. Da es zu keiner Koordinierung kam, ist das Vorhaben nach langer Diskussion 1994 gescheitert, wurde doch der damit bedingte Wettbewerbsnachteil insbesondere gegenüber den USA nicht akzeptiert. Auch in den USA hat die Clinton-Regierung gleich nach Amtsantritt im Januar 1993 eine Energiesteuer einzuführen versucht, ist damit aber im Kongress gescheitert; als Grund wurde der drohende Verlust an Wettbewerbsfähigkeit angegeben. Es zeigte sich demnach, dass eine abgestimmte Lösung unter den Hauptwettbewerbern auf dem Weltmarkt erforderlich ist, um Wettbewerbsverzerrungen zu vermeiden. Eine national oder regional begrenzte Einführung einer Bepreisung von Emissionen stößt immer dann auf Grenzen, wenn dadurch einem anderen Land ohne Bepreisung ein nennenswerter Wettbewerbsvorteil entsteht. Auf die Möglichkeit einer Grenzabgabe zur Neutralisierung dieses Wettbewerbsnachteils wird später eingegangen.

Eine elegantere und zielführendere Lösung als eine Steuer wäre ein *Emissionshandel*, wie er erstmals in den frühen 1990er

Jahren im südkalifornischen Ballungsgebiet von Los Angeles für SO_2- und NO_x-Emissionen eingeführt wurde. Eine analoge Anwendung zur Lösung des Klimaproblems hätte zum Beispiel einen solchen Rahmen gebildet: Für das Jahr 2000 würde eine globale Menge an Emissionen festgelegt, die nahe bei den realen Emissionen des Jahres 1999 liegen, und diese Emissionsmenge würde linear um 2 Prozent jährlich bis zum Jahr 2050 abgesenkt, so dass am Ende keine Emission mehr zulässig wäre. Jede Tonne CO_2-Emission bedürfte eines Zertifikats. Die Gesamtmenge der Zertifikate entspräche den zulässigen Emissionen und die Zertifikate wären handelbar. So würde sich für die Zertifikate aus dem festen Angebot und der Nachfrage ein Weltmarktpreis herausbilden. Eine Weltzertifikatebank würde die Zertifikate ausgeben und den Markt bei der Einhaltung der Regeln überwachen. Die Einnahmen könnten dann nach einem Pro-Kopf-Schlüssel verteilt und an Investitionen in die jeweils nationale Energiewende zweckgebunden werden.

In einem Artikel zum Thema „Ökologie und die Wandlung weltwirtschaftlicher Strukturen" in dem Sammelband *Weltordnung oder Chaos* (1993) habe ich geschrieben:

> „Die Erkenntnis, dass die Grenzen der Belastbarkeit der Umwelt durch Emissionen erreicht sind, setzte dagegen bisher keinen ökonomischen Mechanismus in Gang. Appelle und Abkommen über Mengenbegrenzungen werden aber nicht ausreichen, um […] ein so gravierendes Problem wie die Belastung der Atmosphäre durch Treibhausgase zu regeln. Wirklicher Strukturwandel bedarf des massiven Drucks – ausgelöst durch veränderte Rahmenbedingungen –, wie nach den Ölkrisen in den westlichen oder noch viel stärker nach dem Zusammenbruch der zentralen Planwirtschaften in den östlichen Industrieländern […].
>
> Allerdings stehen nicht viele Jahrzehnte zu Verfügung, um mögliche katastrophale Schäden abzuwenden. Deshalb ist der Ansatz abwegig, dass absolute Gewissheit über den Effekt der Emissionen von Treibhausgasen vorliegen müsse,

bevor massive Gegenmaßnahmen einzuleiten sind. Politische Grundsatzentscheidungen müssen in aller Regel auf der Basis von Unsicherheit getroffen werden. Angemessen wäre, die Beweislast so zu wenden, dass die Unschädlichkeit des Deponierens von jährlich zusätzlich 20 Milliarden Tonnen Kohlendioxid in der Atmosphäre nachzuweisen ist, um die Erlaubnis zu Emissionen zu erhalten, oder dass der Verursacher mindestens einen Versicherer finden muss, der im Schadensfall für dessen Kompensierung aufkommt. Die Vermutung, dass eine solche Versicherungsprämie enorm hoch wäre, ist wohl nicht abwegig. Die Risikoabschätzung in dieser Form in das Kalkül einzubeziehen, entspräche rationalem ökonomischen Handeln, doch gibt es bei langfristigen Ursache-Wirkungs-Beziehungen andere, kurzfristig bequemere Optionen. Das Überwälzen der Kosten auf spätere Generationen ist eine solche. Sie entspricht jedoch nicht dem gängigen Vorsorgeprinzip für das Überleben der Art, das sich in kulturellen Regeln vielfältig niedergeschlagen hat. Wir stehen unter wirtschaftlichen Gesichtspunkten keinesfalls machtlos vor einer sich abzeichnenden Katastrophe. Bei der VN-Konferenz über Umwelt und Entwicklung (UNCED, Juni 1992) in Rio de Janeiro war die Rede von 3,5 Prozent des Weltsozialprodukts, die notwendig seien, um die gravierenden irreversiblen ökologischen Fehlentwicklungen aufzufangen. Dies ist viel, gemessen zum Beispiel daran, dass die Industrieländer ihre Selbstverpflichtung nicht einlösen können, 0,7 Prozent der nationalen Sozialprodukte für Entwicklungshilfe aufzubringen. Es ist wenig, zum Beispiel gemessen an den Ausgaben für Gesundheit, die in den meisten Ländern einen Anteil von 10 bis 12 Prozent des BSP erreichen."[10]

Klaus Töpfer schrieb in einem Artikel in der *FAZ* 1993:

„Richtig betriebener Umweltschutz – im Sinne der Internalisierung externer Kosten – kostet eine Volkswirtschaft ökonomisch gesehen nichts, da objektiv vorhandene externe Umweltkosten verursachergerecht angelastet werden."[11]

Er nahm damit die These von Nicholas Stern vorweg, dass Klimaschutz billiger ist als Nicht-Klimaschutz. Und Al Gore, damals Vizepräsident der Vereinigten Staaten und 2007 Gewinner des Friedensnobelpreises für seine engagierte Klimapolitik, schrieb in derselben Ausgabe der *FAZ* 1993:

> „Wir forschen hier im Weißen Haus im Rat der Wirtschaftsberater intensiv danach, wie weit wir die Wirtschaftsindikatoren und Spielregeln ändern können. Wir brauchen bessere Indikatoren, die die vollen Kosten und Nutzen unserer wirtschaftlichen Entscheidungen messen."

In dem bereits genannten Artikel „Ökologie und die Wandlung weltwirtschaftlicher Strukturen" (1993) habe ich die Eckpunkte eines Emissionshandels und damit die Internalisierung der durch Treibhausgase verursachten externalisierten Kosten so beschrieben:

> „[...] die Frage, wie sich durchsetzen lässt, dass die globale Emission im Rahmen der festgelegten Grenzwerte bleibt. Die Antwort kann im Sinne ordnungspolitischer Logik nur heißen, sogenannte handelbare Emissionsrechte zu vergeben. Gemäß dem Grundsatz, dass jeder Mensch ein gleiches Anrecht auf die Atmosphäre hat, würden jedem Staat entsprechend seiner Einwohnerzahl Emissionsrechte für ein Jahr zugestanden, deren Gesamtsumme dem festgelegten Grenzwert entspräche. Staaten, die ihre Emissionsrechte nicht voll in Anspruch nehmen, könnten Anteilscheine (Zertifikate) an Länder verkaufen, die mehr emittieren, als ihnen durch Zertifikate zugestanden wurde. Ausgehend von den vom IPCC auf der Zweiten Weltklimakonferenz (Genf 1990) formulierten Zielsetzung bedeutet dies, dass das Volumen der Emissionsrechte gegenüber der jetzigen Emission jährlich um ca. 1,4 Prozent reduziert werden müsste."[12]

Ein Jahr später formulierte ich dieses Konzept in präzisierter Form in den *Energiewirtschaftlichen Tagesfragen*, der Fachzeitschrift mit der stärksten Resonanz für solche Debatten im deutschsprachigen Raum.[13] In der Tat löste der Artikel eine kontroverse Diskussion aus. Umweltverbände und Ökoinstitute brandmarkten jegliche Bepreisung von CO_2-Emissionen mit dem Schlagwort „Ablasshandel", weil sich dann nur noch reiche Leute Energieverbrauch leisten könnten. Tatsächlich geht es ja bei der Bepreisung von Treibhausgasen um die Internalisierung von externalisierten Kosten und damit um den Abbau einer Subvention für fossile Energien. Der Effekt wäre somit, Wettbewerbsverzerrungen zu Ungunsten der erneuerbaren Energien abzubauen. Aus ökonomischer Sicht ist die ineffizienteste Form von Sozialpolitik, wenn Produkte künstlich für alle billig gemacht werden, um sie für arme Bevölkerungsschichten erschwinglich zu machen. Diese Politik führt zu Ressourcenverschwendung, weil die Ressource, in diesem Fall die Belastbarkeit der Atmosphäre durch Treibhausgase, zum Nulltarif angeboten wird. Im Übrigen ist das Geld, das durch die Bepreisung eingenommen wird, verfügbar, um einerseits soziale Belastungen auszugleichen und um den Wechsel zu erneuerbaren Energien zu beschleunigen. In der medialen Berichterstattung hat der Begriff des Ablasshandels eine verheerende Wirkung erzielt, und die komplexere Argumentation der Ökonomen hatte gegenüber der Logik der Umweltverbände keine Chance. Die Sichtweise der Umweltökonomie wurde in den gängigen Medien mit Breitenwirkung wohl aus mangelnder Einarbeitung nicht diskutiert – die Deutungshoheit gehörte den Umweltverbänden. Eine knappe Fassung, wie ein globales Emissionshandelssystem funktionieren könnte, habe ich im *ifo Schnelldienst* 19/2001 publiziert.[14] Der Artikel ist im Internet abrufbar.[15]

Dass ein Emissionshandelssystem, nach dem englischen Begriff „emission trading system" ETS genannt, zur Internalisierung externer Kosten einer Steuer vorzuziehen ist, hat mehrere Gründe. Zum Ersten wird bei einem ETS die Gesamtmenge der zulässigen Emissionen festgelegt, während eine Steuer bestenfalls erfühlen kann, um wie viel die Nachfrage durch die Verteuerung der Emissionsberechtigung sinken wird. Das ETS bestimmt also einen Pfad zur Reduktion der Emissionsmenge, der den Vorgaben oder Empfehlungen des Weltklimarats entspricht, und ist damit ein Instrument, das, vorausgesetzt, dass keine Regelverstöße erfolgen, die gemeinsamen Zielvorstellungen genau erreicht. Zum Zweiten sind die in dem ETS zugelassenen Emissionsmengen, einmal in einem internationalen Abkommen eingeführt, nicht wie eine nationale Steuer der Begehrlichkeit einer staatlichen Konjunkturpolitik ausgesetzt wie zum Beispiel die 1999 eingeführte Ökosteuer, die in ihrer ursprünglichen Intention 2003 abgebrochen wurde, um der Konjunktur einen Schub zu verleihen. Drittens ermöglicht ein ETS eine gerechte Umverteilung, die dem berechtigten Vorwurf des Neoimperialismus entgegenwirkt. Klaus Töpfer hat dies 1992 in einem *Europa-Archiv*-Aufsatz so zusammengefasst: „Wir kommen zu einer Globalisierung der Risiken und zu einer Regionalisierung der Vorteile".[16] Damit sprach er dieselbe Problematik wie dreißig Jahre später Luisa Neubauer in ihrem oben wiedergegebenen Zitat (zu Fußnote 6) an, nämlich die Ungleichheit der Belastung der Atmosphäre durch Länder mit hohen und niedrigen Pro-Kopf-Emissionen einerseits und die ebenso ungleiche Schadensverteilung. Viel wird der Begriff der Gerechtigkeit im Zusammenhang mit dem Klimaproblem verwendet, aber zu einer Debatte über die Möglichkeiten, Gerechtigkeit zwischen Industrieländern einerseits und Entwicklungs- und Schwellenländer andererseits zu schaffen, ist es nie gekommen, obwohl mit einem globalen Emissionshandelssystem ein Vorschlag vorliegt. Mit den Einnahmen aus dem Emissionshandel hätte man die Mittel zur Verfügung gehabt, die in dem Copenhagen Accord (2009) zwar zugesagt und in dem Pariser Klimaabkommen (2015) bestätigt, aber bis heute nicht bereitgestellt worden sind, um einen Ausgleich zwischen den Ländern mit hohen Pro-Kopf-Emissionen (Industrieländer) zu denen mit niedrigen Emissionen (die meisten Entwicklungs- und Schwellenländer) zu ermöglichen. Viertens wären die Entwicklungs- und Schwellenländer nicht nur Gewinner durch die Nettoeinnahmen eines solchen ETS-Abkommens, das es ihnen ermöglichen würde, in ihre Energiewende zu investieren. Das System böte ihnen auch einen Anreiz, mit Emissionen sparsam umzugehen, also Energie effizienter einzusetzen, denn je sparsamer sie fossile Energie einsetzten, desto mehr Geld würde ihnen aus dem Emissionshandel zufließen. Mit einem solchen System ginge es keineswegs nur um einen Akt der Gerechtigkeit, vielmehr auch um Interessenpolitik, denn das Bewusstsein, dass die Entwicklungsländer in ihrer nachholenden Entwicklung nicht denselben Pfad bestreiten sollten wie die Industrieländer, war in der Zeit der ersten Verhandlungen durchaus vorhanden. In dem genannten Aufsatz schrieb Klaus Töpfer kurz vor der Rio-Konferenz (1992) als Regierungsmitglied:

> „Unsere immer noch nicht ausreichend auf nachhaltige Sicherung der Lebensgrundlagen künftiger Generationen orientierte Wirtschafts- und Lebensweise belastet nicht nur unsere eigene Umwelt, sondern verursacht auch in Ländern der Dritten Welt erhebliche Probleme […]. Eine weltweite Nachahmung dieser Wirtschaftsweise würde den ökologischen Kollaps unseres Planenten bedeuten.“[17]

Eine wirkliche Debatte zwischen den Ökonomen und der umweltpolitischen Basis hat in den 1990er Jahren kaum stattgefunden. Zu weit lagen die Welten auseinander. Die umweltpolitische Basis war sich sicher, dass sie moralisch auf der richtigen Seite stand und die Argumente der Ökonomen von kapitalistischen Lobbyisten durchdrungen waren. Die Ökonomen fühlten sich wiederum am meisten unter sich wohl. Da gab es, wie so häufig in der Wissenschaft, genügend Details, über die man trefflich streiten konnte. Für Journalisten war es einfacher, sich nur um die umweltpolitische Basis zu kümmern und sich damit auseinanderzusetzen, ob diese Gruppe in ihrem Begehren naiv zu nennen ist oder die Dringlichkeit eines Menschheitsproblems angemessen zum Ausdruck bringt.

Das Kyoto-Protokoll

Kyoto, die Weichenstellung, die auf Abwege führte?

Seit der ersten Vertragsstaatenkonferenz der Klimakonvention 1995 in Berlin (COP 1) fanden mit Ausnahme des Jahres 2020 (wegen Corona) jährlich Konferenzen im November oder Dezember statt. Die wichtigste im ausgehenden 20. Jahrhundert war COP 3 vom 1. bis 11. Dezember 1997 in Kyoto. Hier wurde das erste völkerrechtlich verbindliche Klimaabkommen, das Kyoto-Protokoll, verabschiedet. Es beruhte auf dem Berliner Mandat von COP 1. Die Klimarahmenkonvention unterscheidet zwischen den namentlich aufgeführten westlichen und östlichen („Länder, die sich im Übergang zur Marktwirtschaft befinden") Industrieländern, den sogenannten Annex-I-Ländern, einerseits und allen übrigen Ländern andererseits. In dem Berliner Mandat von 1995 lautet Punkt 2b: „Der Prozess wird keine neuen Verpflichtungen für nicht in Annex I aufgeführte Vertragsparteien einführen." Diese völkerrechtlich nicht bindende Aussage warf einen Schatten nicht nur auf den kommenden völkerrechtlich verbindlichen Vertrag, sondern weit darüber hinaus. Sie bringt den Sieg der Argumentation der Umweltorganisationen gegenüber dem ökonomischen Ansatz (Verursacherprinzip, Internalisierung externe Kosten) zum Ausdruck. In dem einschlägigen Buch zu dem Verhandlungsverlauf und den Ergebnissen des Kyoto-Protokolls (*The Kyoto Protocol*, 1999; deutsch: *Das Kyoto-Protokoll* 2000) schreiben die Autoren Sebastian Oberthür und Hermann Ott: „Mit Hilfe ihrer hervorragenden Medienkontakte ließen die

Umweltschutzorganisationen keinen Zweifel daran, wer für den Stillstand der Verhandlungen verantwortlich war."[18] Sie zählten Länder wie USA, Japan, Kanada, Schweiz auf, die sich dem ökonomischen Ansatz verschrieben hatten. Im Falle der USA handelte es sich um die Clinton-Administration mit dem Vizepräsidenten Al Gore, für den Klimapolitik zu einer Lebensaufgabe wurde. Die USA erklärten in den Verhandlungen frühzeitig, kein verbindliches Vertragswerk zu akzeptieren, das die Entwicklungs- und Schwellenländer wie China und Indien nicht in die Pflicht nehmen würde.

Im Vorfeld der Kyoto-Verhandlungen lagen etwas vereinfacht drei unterschiedliche Konzeptionen vor. Das erste war das europäische Konzept. Es nahm entsprechend dem Berliner Mandat die Industrieländer (Annex-I-Länder) in die Pflicht. Dem lag der Tatbestand zugrunde, dass diese Länder diejenigen sind, die zum einen den Treibhauseffekt im Wesentlichen durch die Industrialisierung seit dem frühen 19. Jahrhundert ausgelöst haben und zum anderen im Durchschnitt viel höhere Emissionen pro Kopf aufweisen als fast alle anderen Länder. Im Jahr 1990, auf das man sich als Basisjahr für statistische Vergleichsdaten einigte, hatten die Annex-I-Länder mit etwa einer Milliarde Einwohnern 69 Prozent der globalen Emissionen zu verantworten, alle anderen Länder mit ca. 4,5 Milliarden Einwohnern nur 28 Prozent, 3 Prozent der Emissionen waren ungeklärt (internationaler Schiffs- und Flugverkehr). Diese Annex-I-Länder sollten deshalb allein ihre Emissionen absenken, während den anderen, also den Entwicklungs- und Schwellenländern, für einige Jahre ein Aufholen zugestanden werden sollte. Alle Länder sollten verpflichtet werden, Daten über ihre CO_2-Emissionen zu liefern, die Annex-I-Staaten sollten darüber hinaus Daten zu fünf anderen Treibhausgasemissionen, wie zum Beispiel Methan, bereitstellen müssen.

Der zweite Konzeptansatz kam von den USA. Er machte deutlich, dass für sie eine Verpflichtung zur CO_2-Absenkung nicht in Frage kam, wenn die Schwellenländer, insbesondere China und Indien, nicht auch in die Pflicht genommen würden. In Kenntnis des Berliner Mandats hatte der US-Senat im Juli 1997, also ein paar Monate vor COP 3 in Kyoto, die überparteiliche Byrd-Hagel-Resolution mit 95 zu null Stimmen verabschiedet. Diese Resolution besagte, dass der US-Senat kein Abkommen ratifizieren werde, in dem nur die Annex-I-Länder, nicht aber potentielle Wettbewerber in den Entwicklungs- und Schwellenländern, insbesondere China und Indien, verpflichtet würden.[19]

Den dritten Ansatz lieferten Indien und China. Die Reihenfolge ist mit Bedacht gewählt, denn China war in der Sache weniger engagiert als Indien. In Indien hatten bereits 1991 die renommierten Professoren Anil Agarwal und Sunita Narain vorgeschlagen, die begrenzte Erlaubnis, CO_2 zu emittieren, auf die Menschen der Welt gleich zu verteilen, aber auch, dass die dafür ausgegebenen Zertifikate verkauft werden könnten.[20] Das hat sich in der indischen Position niedergeschlagen, der sich China anschloss:

> „Sie verlangten die Entwicklung eines gerechten Systems, welches vorzugsweise auf Pro-Kopf-Zuteilungen beruhen sollte“.[21]

Weder der amerikanische noch der indisch-chinesische Ansatz liefert ein fertiges Vertragsgerüst. Doch ihre Verhandlungsschwerpunkte zeigten, worauf es ihnen bei der Verabschiedung eines globalen Vertragswerks insbesondere ankam. Die US-Regierung bzw. der Kongress sah voraus, dass insbesondere China sich zu einem Weltmachtkonkurrenten entwickelte. Deshalb sollten keine einseitigen Verpflichtungen die amerikanische Wettbewerbsfähigkeit begrenzen. Dazu kam, dass sich 1997 besser abzeichnete als im Basisjahr 1990, dass China Emissionsreduzierungen der Annex-I-Länder durch eigenes Emissionswachstum zunichtemachen würde. Hatte China 1990 noch knapp 10 Prozent zu den globalen CO_2-Emissionen beigetragen, so waren es 1997 schon über 12 Prozent.

China und Indien wollten wiederum einen Epochenwandel unter globalen Gerechtigkeitsgesichtspunkten erreichen, der das koloniale Zeitalter endgültig verabschieden würde. In diesem Zeitalter war es üblich, dass ein kleiner Anteil der Weltbevölkerung für sich beanspruchte, öffentliche Güter weit überdurchschnittlich zu nutzen, womit für weit mehr als die Hälfte der Weltbevölkerung nur noch ein kleiner Rest übrigblieb oder sich die Qualität dieser Ressource durch Übernutzung verschlechterte. Diese Denkungsart war den europäischen Verhandlern aus zwei Gründen ganz fremd. Erstens waren sie der Auffassung, dass sie genau dieser Notwendigkeit, das koloniale Erbe zu verabschieden, dadurch gerecht wurden, dass sie den Entwicklungs- und Schwellenländern eine nachholende Entwicklung ohne Verpflichtung, allerdings auch ohne Anreiz zur Emissionsbegrenzung zugestanden. Es war auch keine Sorge dafür getragen, dass sich diese Länder nicht nachholend im Sinne von kohlenstofflastig, wie bei den Industrieländer geschehen, entwickeln würden. Zum Zweiten hätte ein Aufgreifen des indisch-chinesischen Ansatzes bedeutet, einem Top-down-Ansatz zuzustimmen. Gemeint ist damit ein globales Regelwerk, von dem gegen Gebühr die Berechtigung, Treibhausgase zu emittieren, abgeleitet wird. Die in Europa bei dem Thema Klimawandel Engagierten denken aber überwiegend in Kategorien von Bottom-up-Lösungen, die von dem Beitrag jedes Einzelnen im Rahmen nationaler Ordnungspolitiken ausgehen.

In Kyoto haben sich schließlich die Europäer durchgesetzt. Zum einen waren sie am stärksten in der Sache engagiert und konnten auf ein höheres Interesse ihrer Bevölkerungen setzen, die in dem Klimawandel ein größeres Problem sahen als die anderen am Verhandlungstisch, wenngleich die Anreise von Vizepräsident Al Gore der US-amerikanischen Stimme durchaus Gewicht gab. Zum anderen konnten die Entwicklungs- und Schwellenländer mit dem europäischen Vorschlag als Kompromiss leben, weil sie zu keiner Emissionsbegrenzung verpflichtet wurden, auch wenn sie bis zuletzt für ihre Idee kämpften. Das Verhandlungsergebnis war nicht einfach ein Pyrrhus-Sieg der Europäer. Die nicht genutzte Chance, den indisch-chinesischen Vorschlag zur Verhandlungsgrundlage zu machen, bedeutete eine Weichenstellung, die bis heute eine effiziente Lösung des Problems verbaut. Der alte Kolonialismusvorwurf bleibt insofern bestehen, als de facto die Industrieländer die Belastung der Atmosphäre mit Treibhausgasen unentgeltlich und wesentlich stärker nutzen können als die Entwicklungs- und Schwellenländer und die Ausgleichszahlungen an diese Länder, wie sie im Pariser Abkommen zwar vorgesehen sind, für die aber kein Verteilungsschlüssel vorliegt, jedenfalls in der öffentlichen Darstellung als Zuwendung für arme Länder und nicht als ein natürlicher Anspruch deklariert werden.

Die Verhandlungen in Kyoto über Verpflichtungen für Emissionsobergrenzen einzelner Annex-I-Länder glichen eher einem Basar, um die Zustimmung aller Industrieländer zu erlangen, und schienen weniger dem Kriterium zu folgen, dass die Länder mit den höchsten Treibhausgasemissionen pro Kopf zu verpflichten seien, am meisten zu reduzieren. Im Ergebnis einigte man sich darauf, dass die Annex-I-Länder in einem Zeitraum von 15 Jahren ihre Emissionen insgesamt um 5,2 Prozent reduzieren mussten. Australien durfte seine Emissionen gegenüber dem Basisjahr 1990 um 10 Prozent erhöhen, Russland und Ukraine, deren Emissionen in den 1990er Jahren wegen des industriellen Niedergangs und einer effizienteren Bewirtschaftung um über 40 Prozent gesunken waren, durften ihre Emissionen auf den Stand von 1990 wieder hochfahren. Japan musste seine Emissionen um 6 Prozent, die USA um 7 Prozent und die EU um 8 Prozent absenken. Innerhalb der EU gab es als interne Lastenteilung eine „Bubble", innerhalb der geklärt wurde, um wie viel die einzelnen Länder – das war höchst unterschiedlich – ihre Emissionen begrenzen mussten, um in der Summe die 8 Prozent Absenkung zu erreichen. So durfte Portugal seine Emissionen um 27 Prozent und Griechenland um 25 Prozent steigern, Deutschland, das mit den neuen Bundesländern teilweise zu den Ländern mit der transformierten Volkswirtschaft gehörte, aber auch Dänemark mussten ihre Emissionen um 21 Prozent senken.

Der Vertrag musste von den nationalen Parlamenten ratifiziert werden und sollte in Kraft treten, sobald 55 der unterzeichnenden Staaten, darunter Staaten mit 55 Prozent der Emissionen der Annex-I-Staaten im Basisjahr (1990), ihn ratifiziert hatten. Die zweite Bedingung war eine kritische Hürde, denn die Clinton-Regierung hatte den Vertrag zwar unterzeichnet, aber gar nicht an den Kongress zur Ratifizierung weitergeleitet, da eine solche wegen der Byrd-Hagel-Resolution aussichtslos war. Die USA hatten aber im Basisjahr einen Anteil an den Emissionen der Annex-I-Staaten in Höhe von 36,1 Prozent. Um ohne diesen Anteil die notwendigen 55 Prozent ratifiziert zu bekommen, musste Russland mit seinem 17,4-Prozent-Anteil ratifizieren. Damit verfügte Russland über eine Sperrminorität, verzögerte den Prozess des Inkrafttretens bis zum Jahr 2005 und ließ sich die Zustimmung durch verschiedene Zugeständnisse bezahlen.

Erwähnt werden muss, dass die ökonomisch argumentierenden Verhandler immerhin durchsetzten, dass der Einsatz bestimmter flexibler Instrumente zulässig ist. An erster Stelle sind die *Joint Implementations* zu nennen. Demnach können Industrieländer unter sehr restriktiven und damit bürokratisch kontrollierten Bedingungen ihren Reduktionsverpflichtungen durch Projekte in Nicht-Annex-I-Ländern nachkommen. Dies gilt in verstärkter Form für den *Clean Development Mechanism* (CDM), mit dem Projekte in Entwicklungs- und Schwellenländer gefördert werden sollen. Ebenso ist ein von den USA vorgeschlagenes und von vielen Umweltschutzorganisationen mit Skepsis betrachtetes *Emissionshandelssystem* zulässig,[22] das aber nur Sinn innerhalb von Ländern macht, die Emissionsbegrenzungen unterworfen sind, also den Annex-I-Ländern.

Sebastian Oberthür und Hermann Ott schreiben in ihrem fundamentalen Werk *Das Kyoto-Protokoll*:

> „Die dritte Konferenz der Vertragsparteien zur Klimarahmenkonvention der Vereinten Nationen (UNFCCC), die im Dezember 1997 in Kyoto stattfand, brachte ein bahnbrechendes Vertragswerk hervor. Damit wurde ein im internationalen Umweltschutz beispielloser Verhandlungsprozess zu einem krönenden Abschluss geführt.“[23]

Neun Jahre nach dem Beginn eines globalen politischen Umgangs mit der Klimaerwärmung erweckte der ganz überwiegende Teil der Medien den Eindruck, auf dem rechten Weg zu sein. Der folgende Datenvergleich zeigt aber, dass der folgende Anstieg der Emissionen bei den Entwicklungs- und Schwellenländer gravierend unterschätzt wurde in Umkehrung der späteren realen Entwicklung. Sebastian Oberthür und Hermann Ott äußerten im Jahr 2000 Zweifel, dass die Industrieländer ihre Verpflichtung einer Absenkung ihrer Emissionen um 5 Prozent nachkommen würden und waren optimistisch, was die Mäßigung der Emissionen durch die Entwicklungs- und Schwellenländer betrifft:

> „Selbst wenn die Industrieländer dieses Ziel erreichen und ihre Verpflichtungen aus Artikel 3 des Kyoto-Protokolls voll erfüllen sollten, würde der weltweite Ausstoß wegen des Emissionsanstiegs in den Entwicklungsländern immer noch beträchtlich zunehmen. Die Umsetzung des Kyoto-Protokolls würde jedoch zumindest eine eindeutige Abkehr von den aktuellen Emissionstrends bewirken. Überdies zeigen die mit anderen Umweltverträgen gewonnenen Erfahrungen, dass der mit der Annahme de FCCC und des Kyoto-Protokolls in Gang gesetzte Prozess eine eigene Dynamik entfal-

> ten und damit mittel- und langfristig doch zu einer stärkeren Treibhausgasminderung führen könnte".[24]

Die Autoren übernahmen sodann eine Modellrechnung des Potsdam-Institut für Klimafolgenforschung. Demnach würde nur bei einer globalen Absenkung der Treibhausgasemissionen in Höhe von jährlich mindestens 1 Prozent diese Emissionen „innerhalb eines vertretbaren Rahmens" (450 ppm entspricht ungefähr dem 1,5-Grad-Ziel) bleiben. Unter dieser Prämisse heißt es:

> „Berücksichtigt man den zu erwartenden Emissionsanstieg in den Entwicklungsländern, müssten die Industrieländer ihre Emissionen jährlich um etwa 3 Prozent senken. Daraus ergäben sich für diese Länder Reduktionsverpflichtungen bis 2010 im Bereich von minus 23 Prozent."[25]

Tatsächlich haben sich die Emissionen der Entwicklungs- und Schwellenländer im Jahrzehnt zwischen 2000 und 2010 fast verdoppelt. Die Industrieländer hätten ihre Emissionen statt um 5 Prozent (Kyoto-Vorgaben) bzw. 23 Prozent (Prämisse zur Absenkung der globalen Emissionen um 1 Prozent pro Jahr) in einem Jahrzehnt um 69 Prozent senken müssen, um diesen Anstieg der Nicht-Annex-I-Länder zu kompensieren.[26] Auch die erwartete „Abkehr von den aktuellen Entwicklungstrends" hat sich nicht realisieren lassen. Das Emissionswachstum der 1990er Jahre hat sich im folgenden Jahrzehnt fast verdreifacht, statt im Rahmen des Kyoto-Zeitraums um mehr als 10 Prozent abzusinken, wie die Modellrechnung des Potsdam-Instituts vorgegeben hat. Die Befreiung der Entwicklungs- und Schwellenländer von jeglicher Emissionsbegrenzung war der große Sündenfall mit Blick auf die Emissionsentwicklung im 21. Jahrhundert.

Was wäre die Alternative zu Kyoto gewesen?

Ein Anreiz für China, Indien und weitere Staaten, sich in die Verpflichtungsstruktur einzufügen, hätte große Potentiale zur Emissionseinsparung verfügbar machen können.

So groß die Einigkeit aller Staaten über das Ziel war, nämlich eine gefährliche menschengemachte Störung des Klimas zu verhindern (Artikel 2 UNFCCC, 1992), so unterschiedlich waren in dem Prozess der Vereinten Nationen die beiden Denkansätze über die Lösung angelegt, um dieses Ziel zu erreichen. Die Rio-Deklaration (1992) betonte das Verursacherprinzip, das Berliner Mandat die nachholende Entwicklung der Entwicklungs- und Schwellenländer ohne Auflagen. Die Weiterentwicklung des Berliner Mandats, in dem gefordert wurde, in einem ersten verbindlichen Abkommen die Entwicklungs- und Schwellenländer nicht mit Emissionsbegrenzungen zu belasten, nahm im Kyoto-Abkommen nur die Industrieländer in die Pflicht. Obwohl die Industrieländer insgesamt ihrer Verpflichtung einer Absenkung der CO_2-Emissionen bis 2012 um 5,2 Prozent trotz des Ausstiegs der USA und Kanada aus dem Vertrag nachkamen, ja diese sogar übertrafen (minus 11,3 Prozent[27]) und seither ihre Emissionen weiter gesenkt haben, steigen die globalen Emissionen bis heute Jahr für Jahr dramatisch weiter an. Was ist passiert?

Die CO_2-Emissionen sind im ersten Jahrzehnt des neuen Jahrhunderts, also in dem Zeitraum der Gültigkeit des Kyoto-Protokolls, explodiert. China, das schon in den 1990er Jahren kräftig zugelegt hatte, emittierte im Jahr 2010 das Zweieinhalbfache des Jahres 2000 an CO_2. Aus diesem Wissen heraus kann deshalb die Alternative zu dem Kyoto-Ansatz nur lauten: Es hätte eines Anreizes bedurft, China in eine Verpflichtungsstruktur einzubinden. Das war der Kern des amerikanischen Ansatzes und das Angebot der indisch-chinesischen Vorstellung 1997 gewesen. Ich hatte im Jahr 1994, also drei Jahre vor den Kyoto-Verhandlungen, einen Artikel mit dem folgenden Ausschnitt geschrieben:

> „Erster Ausgangspunkt ist der Tatbestand, dass durch Übernutzung von Ressourcen des Ökosystems, also insbesondere die Belastung von Luft, Gewässern, Böden, Atmosphäre durch Schadstoffe, gesamtwirtschaftlich mehr Schaden als Nutzen angerichtet wird, dass beim Überschreiten von Grenzwerten intolerable, zum Teil irrreversible Schäden entstehen. Die gegebenen naturwissenschaftlichen Erkenntnisse reichen jedoch nicht immer aus, um diese Grenzwerte exakt zu definieren. Für politische Entscheidungen ist die Unsicherheit allerdings eher der Normalfall. Verteidigungsausgaben werden getätigt, ohne die vorhandene Bedrohung exakt messen zu können. Es muss also eine möglichst konsensfähige Lösung gefunden werden, wie mit Unsicherheit umgegangen wird und zugleich Flexibilität zur Aufnahme neuer Erkenntnisse gewährleistet werden kann.
> Zweiter Ausgangspunkt ist die Eigentumskonstellation. Wer beschädigt wessen Eigentum? Bei regional begrenztem Schaden ist die Frage weniger einfach zu beantworten als bei globalem, wie er durch Treibhausgase entsteht. Hier wird gemeinsames Eigentum der Menschheit beschädigt. Eine andere Verteilungsformel als die, dass die Atmosphäre allen zu gleichen Teilen gehört, ist wohl kaum konsensfähig.
> Die Anerkennung, dass bei Überschreiten eines Grenzwertes an Treibhausgas-Emissionen ein intolerables Risiko gegeben ist und dass alle gleiche Anrechte auf Atmosphäre haben, führt logischerweise zu weitreichenden Konsequenzen. Sie bedeuten nicht weniger, als die Folgerung, dass die Emissionsrechte unterhalb des definierten Grenzwertes als

> Eigentumsrechte zu betrachten und als solche zu verteilen sind. Soll die Effizienz einer marktwirtschaftlichen Lösung zum Tragen kommen, so müssen diese Eigentumsrechte handelbar sein, um dabei über eine freie Preisbildung Angebot und Nachfrage ins Gleichgewicht zu bringen [...]. Gewinner einer solchen Lösung wären alle Länder der Dritten Welt, da ihre Treibhausgasemissionen nicht nur unter den derzeitigen Welt-pro-Kopf-Werten (4 t CO_2 pro Kopf), sondern auch noch unter reduzierten Durchschnittswerten liegen. Sie könnten demnach Zertifikate an die Industrieländer verkaufen und sich mit den erworbenen Devisen Technologien beschaffen, die ihre Pro-Kopf-Emissionen dauerhaft niedrig halten. Bei den meisten Entwicklungsländern wie auch China ist nämlich der Energieverbrauch pro Sozialprodukteinheit um ein Vielfaches höher als in den Industrieländern, so dass sie durch Verbesserung ihrer Energieeffizienz bei gegebener Pro-Kopf-Emission Wirtschaftswachstum erzielen könnten."[28]

Die Kyoto-Lösung hat weder das Anliegen der Entwicklungs- und Schwellenländer aufgegriffen, dass die Übernutzung der Atmosphäre durch die Industrieländer eine Kompensationszahlung rechtfertige, noch den Umstand berücksichtigt, dass das mit Abstand größte Potential der globalen Emissionseinsparungen bei der Effizienzverbesserung des Energieverbrauchs in den Entwicklungs- und Schwellenländern liegt. Vielmehr wurden diese beiden Problemfelder um zunächst eineinhalb, in Wirklichkeit aber um noch mehr Jahrzehnte verschoben.

Hätte die Alternative ohne das europäische Drängen eine Chance gehabt? Diese hypothetische Frage ist natürlich nicht mit Ja oder Nein zu beantworten. Sie führt zu der Überlegung, welche langfristigen Auswirkungen diese Dominanz des den Umweltverbänden naheliegenden Denkens gegenüber dem ökonomischen Denken ausgelöst hat. Wie bereits erwähnt lagen den Kyoto-Verhandlungen drei Ansätze zugrunde. Der indisch-chinesische Ansatz war der radikalste. Wäre ihm entsprochen worden, so hätte die Menschheit nicht nur einen besseren Lösungsweg beschritten, um dem gemeinsamen Ziel näher zu kommen, es hätte zugleich einen großen Schritt zur endgültigen Verabschiedung des kolonialen Zeitalters bedeutet: Die Nutzung der Atmosphäre gehört allen. Wer sie beschädigt und überdurchschnittlich nutzt, muss an diejenigen zahlen, die sie unterdurchschnittlich nutzen.

Dem ökonomischen Ansatz, dass die globale Emissionsmenge auf Grund der Vorgaben des IPCC begrenzt und jährlich reduziert werden sollte, dass entsprechend der zulässigen Emissionsmenge Zertifikate zum Kauf angeboten würden und sich aus Angebot und Nachfrage ein Preis herausbilden würde und dass die Einnahmen aus dem Zertifikate-Verkauf zweckgebunden an die Umstrukturierung in Richtung auf eine emissionsfreie Wirtschaft nach einem Pro-Kopf-Schlüssel verteilt würden, hätten die Entwicklungs- und Schwellenländer (einige OPEC-Staaten ausgenommen) vermutlich zugestimmt, weil sie alle zu den Nettogewinnern dieses Systems gehört hätten. Allerdings müssten die Zuflüsse mit Kontrollregeln verbunden werden, die sicherstellen, dass die zufließenden Mittel für einen effizienten Einsatz zu Gunsten einer Absenkung der Treibhausgasemissionen verwendet werden. Diese Kontrollen könnten als Souveränitätseinbuße interpretiert werden. Es ist daher davon auszugehen, dass Verhandlungen über solche Kontrollen sich schwierig gestalten würden. Doch gäbe es immerhin für die Empfängerländer einen erheblichen finanziellen Anreiz, Mitglied dieses Systems zu werden, und es gibt das Vorbild des Atomwaffensperrvertrags, dem einschließlich der einschneidenden Kontrollen durch die Atomenergiebehörde (IAEO) die überwiegende Zahl der Entwicklungs- und Schwellenländer zugestimmt hat.

Es bleibt die Unsicherheit, dass wichtige Länder die Kontrollen durch eine unabhängige internationale Behörde als einen zu hohen Preis für die erwünschten Nettozuflüsse empfinden könnten oder die Governance-Strukturen zu schwach ausgeprägt wären, um das notwendige Regelwerk einzuhalten, dass vielmehr Korruptionsfälle das ganze System in Frage stellen würden. Nur sollten derartige Bedenken nicht ausreichen, ein solches System erst gar nicht in Erwägung zu ziehen. Die Tatsache, dass es Geldfälscher und Geldwäsche gibt, ist kein hinreichender Grund, die Funktion des Geldes abzuschaffen. Doch es bleibt die Frage, ob das System eines globalen Emissionshandels so gut strukturiert werden könnte, dass es seinen Zweck hinreichend erfüllt.

Wie wären die Industrieländer mit diesem Vorschlag umgegangen? Vorausgesetzt, dass die EU-Europäer sich diesen Lösungsansatz zu eigen gemacht hätten, wäre die Zustimmung der USA und der ähnlich argumentierenden Länder Kanada und Australien einerseits sowie Russlands und seiner Nachbarn mit hohen CO_2-Emissionen, der Ukraine und Kasachstans, andererseits zweifelhaft gewesen. Die USA hätten sich jedoch dem Vorschlag nur schwer prinzipiell entziehen können, denn zum einen plädierten sie selbst bei den Verhandlungen für ein Emissionshandelssystem,[29] zum anderen hätte diese Lösung den Auflagen der Byrd-Hagel-Resolution des US-Senats entsprochen, wonach alle Länder, insbesondere auch China, in die Verpflichtungsstrukturen eingebunden werden müssten. Schließlich war die Clinton-Administration selbst an einer aktiven Klimapolitik interessiert. Ob die USA einem globalen Emissionshandelssystem mit unbegrenztem Mittelabfluss zugestimmt hätten, darf dennoch bezweifelt werden. Doch hätte es die Möglichkeit gegeben, das System so zu gestalten, dass ein großer Anteil an den Nettozahlungen in den ersten Jahren im eigenen Land verblieben wäre. Selbst bei einem 100-Prozent-Verbleib der eingezahlten Gebühren im eigenen Land würde das System seinen klimapolitischen Zweck erfüllen, solange die ausgegebenen Zertifikate global im Sinne der IPCC-Vorgaben begrenzt würden. Allerdings wären dann ein Transfer von Investitionsmitteln in Regionen, wo der günstigste Effekt zur Minderung der CO_2-Emissionen erzielt würde, und der ökonomische Anreiz für die Entwicklungs- und Schwellenländer nicht gegeben gewesen. Ein System wäre vorstellbar, bei dem anfänglich die Ausgaben für den Zertifikateeinkauf ganz oder zum größten Teil im eigenen Land bleiben und dann über einen Zeitraum von zum Beispiel zwanzig Jahren ganz dem Verkäuferland zufließen. Es hätte genügend Möglichkeiten gegeben, um ein System auszuhandeln, dem auch die Clinton-Administration zugestimmt hätte.

Wenn Russland, Ukraine und Kasachstan sich nicht an diesem Projekt beteiligt hätten, wäre der Schaden nicht groß geworden. Sie haben auch ohne entsprechende Auflagen wegen der Umstrukturierung ihrer Ökonomien nach Auflösung der Sowjetunion ihren Anteil an den globalen Emissionen von 19,9 Prozent (1990) auf 7,7 Prozent (2021) abgesenkt.[30] Auch wenn sie als Nettozahler ausgefallen wären, hätten sie doch einen wesentlichen Beitrag geleistet, um den bis heute andauernden Anstieg der globalen CO_2-Emissionen in ein Absinken umzugestalten.

Untersuchungen haben gezeigt, dass sich die finanziellen Belastungen für die Nettozahler selbst bei einem vollkommenen Mittelabfluss an die Verkäufer der Zertifikate in Größenordnungen bewegen würden, nämlich im zweistelligen Milliardenbereich pro Jahr, wie sie durch Veränderungen auf dem Weltölmarkt zum ständigen Geschäft bei der Energieversorgung gehörten.[31] Um ein Beispiel für die Größenordnungen, um die es geht, zu geben, sei folgender Vergleich angestellt. Europa (westlich von Belarus) hat in dem Jahrzehnt 2011 bis 2021 im Jahresdurchschnitt 13,5 Millionen „barrel per day" (Fass pro Tag) Öl importiert. Im selben Jahrzehnt lag der Preis (Brent) im Durchschnitt bei 82,89 Dollar. Das bedeutet, dass Europa im Durchschnitt jährlich 408 Milliarden Dollar für

Ölimporte ausgegeben hat. Hinter dem Durchschnittspreis stehen aber große Preissprünge nach oben und unten. So lag der Ölpreis im Jahresdurchschnitt 2011 um 31,80 Dollar pro Barrel, 2018 um 17,10 Dollar pro Barrel und 2022 um 30,3 Dollar pro Barrel über dem Preis des jeweiligen Vorjahres. Umgekehrt lag er 2015 um 46,65 Dollar und 2020 um 22,3 Dollar per Barrel unter dem Vorjahrespreis. Eine Jahresschwankung von 30 Dollar per Barrel bedeutet Importmehr- oder -minderkosten für Europa um 148 Milliarden Dollar. Würde man die Belastbarkeit der Atmosphäre als einen knappen Rohstoff betrachten, was sie tatsächlich ist, diesem Rohstoff einen Preis auf der Grundlage von Angebot und Nachfrage verleihen und jedem Menschen gleiche Anteilsrechte zugestehen, so bewegt sich der Mittelabfluss aus den Ländern mit überdurchschnittlicher Emission in weit geringerer Größenordnung als die Preissprünge auf dem Weltölmarkt. Um auf der für die Industrieländer sicheren Seite zu bleiben, könnte man die Nettoabgaben der Industrieländer auf die 100 Milliarden Dollar deckeln, die ab dem Jahr 2020 zugesagt, aber bisher nicht aufgebracht sind. Selbst wenn Europa die Hälfte dieses Betrags, also 50 Milliarden Dollar, übernehmen müsste, entspräche dies nur einer Ölpreiserhöhung von ca. 10 Dollar, wie sie bei den Jahresschwankungen häufig vorkommt. In Wirklichkeit wäre aber zu erwarten, dass der Ölpreis wegen der Einführung einer effizienten Klimapolitik, also des beschleunigten Umstiegs von fossilen auf erneuerbare Energien, sinken würde, denn eine sinkende Nachfrage führt zu drastischen Ölpreissenkungen, wie die Finanzkrise (2009 lag der Ölpreis um 35 Dollar unter dem Vorjahr) und die Corona-Krise (2020 lag er um 22 Dollar unter dem Vorjahr) zeigen.[32] Abgesehen von der handhabbaren Belastung der Bepreisung von CO_2-Emissionen führte diese zu einem erwünschten Umlenkungseffekt: Das Geld für den überdurchschnittlichen Emissionsverbrauch würde zu Investitionen in eine erneuerbare Energieversorgung eingesetzt und dafür die Transfers an die ölproduzierenden Staaten gemindert.

Was hat das Kyoto-Abkommen bewirkt?

Es kamen Jahre, in denen die CO_2-Emissionen nicht abgesenkt wurden, sondern weiter kräftig zunahmen, und die Hoffnung, dass sich China und andere wichtige Schwellenländer nach der Kyoto-Periode auf Verpflichtungen zu Obergrenzen ihrer Emissionen einließen, trog.

Die Verpflichtungen der Annex-I-Staaten, ihre CO_2-Emissionen bis zum Zeitraum 2008–2012 gegenüber dem Basisjahr 1990 um mindestens 5 Prozent zu reduzieren, wurden erfüllt. Artikel 3 des Kyoto-Protokolls besagt:

> „Die in Anlage I aufgeführten Vertragsparteien sorgen einzeln oder gemeinsam dafür, dass ihre gesamten anthropogenen Emissionen der Treibhausgase die ihnen zugeteilten Mengen […] nicht überschreiten, mit dem Ziel, innerhalb des Verpflichtungszeitraums 2008 bis 2012 ihre Gesamtemissionen solcher Gase um mindestens 5 Prozent unter das Niveau von 1990 zu senken."

Tatsächlich lagen die Treibhausgase (CO_2-Äquivalente) im Durchschnitt der Jahre 2008–2012 bei minus 11,3 Prozent, obwohl die USA, die hier mitgerechnet sind, das Kyoto-Protokoll nicht ratifiziert und ihr Reduktionsziel (7 %) um 16,6 Prozent verfehlt haben.[33] Auch Kanada ist hier in der Gruppe der Annex-I-Staaten einbezogen, obwohl es vor Ende der Vertragszeit 2011 aus dem Protokoll ausgestiegen ist, um keine Vertragsstrafe zahlen zu müssen. Kanada hat sein Ziel (minus 6 %) um 25 Prozent verfehlt. Immerhin haben beide Staaten in den Jahren 2000–2012 einen Rückgang ihrer Emissionen erreicht, die USA um 8,4 Prozent, Kanada um 3,3 Prozent. Die USA haben es schon bei den Kyoto-Verhandlungen als Taschenspielertrick bezeichnet, dass die Europäer das Jahr 1990 als Basisjahr für die statistischen Berechnungen des Emissionswachstums oder der Emissionsreduktionen durchgesetzt haben. In den 1990er Jahre waren bereits vor den Kyoto-Verhandlungen durch den Zusammenbruch der Industrien in den vormals sozialistischen Ländern die CO_2-Emissionen drastisch gesunken. Dies traf unter anderem auch für die neuen Bundesländer im vereinten Deutschland zu, so dass die Europäer gewissermaßen über Gutschriften verfügten, als das Kyoto-Protokoll ausgehandelt wurde. Die USA hätten lieber das Jahr 2000 oder noch besser das Jahr 2005, in dem das Kyoto-Protokoll in Kraft trat, als Basisjahr gewählt. Dann wäre der Unterschied bei den Absenkungen an Treibhausgasemissionen zur Europäischen Union nicht so groß gewesen.

Das wichtigste Ziel des Kyoto-Protokolls, die Absenkung der Emissionen der Industrieländer, wurde also erreicht. Die Länder des vormaligen Ostblocks, die 1990 noch für ein Viertel der Emissionen der Annex-I-Staaten zuständig waren, haben ihre Emissionen in den 1990er Jahren um 40 Prozent reduziert und im Jahrzehnt 2000–2010 um nur 3,1 Prozent wieder gesteigert. Doch sind die Annex-I-Länder insgesamt auf einem stabilen Reduktionskurs geblieben und haben bis 2021 ihre Emissionen um weitere 9 Prozent abgesenkt.[34]

Das eigentliche Problem, die globalen Emissionen zu reduzieren, hat das Kyoto-Protokoll indes nicht auf den rechten Lösungspfad geführt. Die nichtverpflichteten Entwicklungs- und Schwellenländer (Nicht-Annex-I-Länder) haben ihre CO_2-Emissionen von 1990 bis 2010 verzweieinhalbfacht (plus 155 %), China allein hat seine CO_2-Emissionen in einem Jahrzehnt (2000–2010) um 4,73 Gigatonnen (GT) erhöht. Diese Zunahme ist mehr als die Emissionen der EU-28 (also noch einschließlich Großbritannien) im Jahr 2000 (4,19 GT). Hätte die EU-28 ihre gesamten CO_2-Emissionen in einem Jahrzehnt auf null gesenkt, hätte es dennoch wegen China allein ein globales Emissionswachstum gegeben. Dagegen verfügt China wegen seines ineffizienten Einsatzes von Energie über das größte Einsparpotential an Energieverbrauch. Im Jahr 2021 hatte China einen Anteil von 26,6 Prozent am Weltenergieverbrauch.[35] Würde China seinen Energieverbrauch so effizient einsetzen (Energieverbrauch pro Sozialprodukteinheit) wie die Europäische Union, läge sein Anteil am Weltenergieverbrauch bei 9,5 Prozent. Das bedeutet, dass 15 Prozent des Weltenergieverbrauchs allein in China eingespart werden könnten, und da China einen weit überproportionalen Anteil der besonders CO_2-intensiven Kohle aufweist, wäre das Einsparpotential bei Treibhausgasemissionen noch höher. China hatte mit 18 Prozent der Weltbevölkerung im Jahr 2021 einen Anteil an den energiebedingten CO_2-Emissionen in Höhe von 31,1 Prozent.[36]

Im Oktober 2006 veröffentlichte Nicholas Stern die als *Stern-Report* bekannt gewordene Studie *Review on the Economics of Climate Change*,[37] die weltweit Aufmerksamkeit erzeugte. Die Kernaussage dieser Studie lautet, dass die Lösung des Problems im Sinne der Zielvorstellung des IPCC teuer wird, nämlich dauerhaft jährlich 1 bis 1,5 Prozent des Weltsozialproduktes kostet. Dies waren damals ca. 600 Milliarden Dollar. Die Nichtlösung des Problems würde aber ein Vielfaches davon kosten, nämlich bis zu 20 Prozent des globalen BSP. Die Studie, an der viele Institute auch aus Deutschland mitgearbeitet hatten, erhielt manchen kritischen Kommentar zu Details, auch dahingehend, dass die Lösung des Problems nicht gesichert für 1,5 Prozent zu haben wäre. Eine Analyse von McKinsey im Jahr 2021 schätzt die Kapitalkosten, um die Weltwirtschaft klimaneutral zu machen, auf 150 Billionen Dollar. Würden diese Investitionen auf 30 Jahre gleichmäßig verteilt, bedeutete dies einen Anteil von 5 Prozent am Weltsozialprodukt des Jahres 2021. Da in den kommenden 30 Jahren mit einem Wachstum des Weltsozialproduktes zu rechnen ist, würde der Anteil der Transformation in die Klimaneutralität entsprechend sinken. Vor allem aber ist zu bedenken, dass in den von McKinsey genannten Kapitalkosten alle Kosten, die in den Energiesektor investiert werden, enthalten sind, also auch diejenigen, die ohnehin erforderlich sind, um die Energieversorgung zu gewährleisten. Berechnet man nur die Kosten, die zusätzlich zu den notwendigen Energieinvestitionen (business as usual) zur Erreichung der Klimaneutralität in der Mitte des 21. Jahrhunderts erforderlich sind, wird man zu einem nur geringfügig höheren Ergebnis kommen, als in dem *Stern-Report* angegeben ist. Es kann als gesichert angenommen werden, dass die Lösung gegenüber der Nichtlösung – ganz abgesehen von allen nichtökonomischen Faktoren wie menschlichem Leid durch Fluchtbewegungen aus unbewohnbaren Regionen – als wesentlich kostengünstigere Option gelten muss. Die Frage, ob sich die Weltgemeinschaft die Transformation zu einer klimaneutralen Bewirtschaftung leisten kann, ist damit beantwortet. Es gibt keine ökonomisch günstigere Lösung des Problems des Klimawandels als die Transformation in ein klimaneutrales Zeitalter. Deshalb müssen sich die strategischen Überlegungen darauf konzentrieren, wie die Lastenteilung zu organisieren ist, um diese Mittel zu mobilisieren und die Transformation möglichst kostengünstig durchzuführen. Wo findet die Debatte darüber statt? Die Verhandlungen, die zu dem Pariser Klimaabkommen führten, geben darauf keine Antwort.

In den Jahren 2001 bis 2006 leitete ich zusammen mit Alexander Ochs, heute CEO bei SD-Strategies, das transatlantische Projekt INTACT (Internationale Network To Advance Climate Talks). Es wurde anfänglich von der in Washington, D.C. ansässigen Stiftung German Marshall Fund of the United States, später zusätzlich von europäischen Sponsoren, darunter insbesondere der Bosch-Stiftung, aber auch vom Europäischen Parlament finanziert. Das Projekt sollte vor allem untersuchen, inwieweit sich Europäer und die USA auf eine gemeinsame

Klimastrategie einigen könnten, obwohl die USA das Kyoto-Protokoll nicht ratifiziert hatten und inzwischen ein Repräsentant der Republikanischen Partei, George W. Bush, als Präsident ins Weiße Haus eingezogen war. Neben Konferenzen in Berlin, Brüssel (im Europäischen Parlament) und Italien veranstalteten wir drei Konferenzen in Washington, D.C., eine bei der Brookings Institution, eine im Wilson Center und eine auf Einladung von Senator Lugar, dem Vorsitzenden des Auswärtigen Ausschusses (Foreign Affairs Committee), in dessen Räumen im Senat auf dem Capitol Hill. Es war auffällig, wie groß zu einer Zeit besonderen Antiamerikanismus in Europa wegen des Ausstiegs aus dem Kyoto-Prozess und wegen des Irak-Krieges 2003 das politische Interesse an dem Thema war und wie sehr die Amerikaner auf einen anderen, nämlich ökonomisch geleiteten Lösungspfad drängten. Es darf nicht verschwiegen werden, dass in der Bevölkerung der USA zu dieser Zeit die Dringlichkeit einer Bekämpfung des Klimawandels wesentlich geringer eingeschätzt wurde als in Europa. Es gab aber auch in der Republikanischen Partei wichtige Repräsentanten wie Senator Hagel (Mitverfasser der Byrd-Hagel-Resolution und später Verteidigungsminister), der diese Dringlichkeit durchaus erkannte.

Das Kyoto-Protokoll brachte trotz des Absinkens der Emissionen in den Industrieländern nicht die Wende bei den globalen CO_2-Emissionen. Lag das jahresdurchschnittliche Wachstum der globalen Emissionen in den 1990er Jahren noch bei 1,0 Prozent, so erhöhte es sich in dem ersten Jahrzehnt des neuen Jahrhunderts auf 2,7 Prozent. Es gab einzelne Stimmen bei den Umweltverbänden, die ein Umdenken in der Strategie erwogen. So schrieb die damalige Vorsitzende (1999–2007) des Bundes für Umwelt und Naturschutz (BUND) und spätere Ehrenvorsitzende Angelika Zahrnt:

> „Die Zeiten sind vorbei, als die Umweltbewegung marktwirtschaftliche Instrumente in Bausch und Bogen als ‚Ablasshandel' verwarf. Es ist allgemein anerkannt, dass das Ordnungsrecht und Grenzwerte nur sehr begrenzt zur Verminderung von Massenstoffen wie Treibhausgasen geeignet sind. Ökosteuern und Zertifikatehandel sind die bessere Wahl. Theoretisch wäre der Zertifikatehandel der Ökosteuer sogar überlegen, weil der Staat hier durch die Festlegung von Emissionsobergrenzen sicherstellt, dass das Klimaschutzziel erreicht wird."[38]

Doch auch im ersten Jahrzehnt nach Kyoto gab es keine öffentliche Diskussion über Lösungsstrategien außerhalb der Bottom-up-Strukturen. Ich hatte in diesen Jahren einen sehr guten Gesprächsdraht zu Karsten Sach, der ab 1999 für über zwanzig Jahre die deutsche Delegation bei den jährlichen internationalen Klimaverhandlungen (COPs) geleitet hat. Diese Vorsitzposition galt formal jeweils in der ersten Woche der immer auf zwei Wochen angelegten Verhandlungen. In der zweiten Woche übernahmen die Umweltminister die Leitung. Sie waren aber völlig von seiner Detailkenntnis und hohen Kompetenz abhängig. Dies galt gleichermaßen für Umweltminister der Grünen (Trittin), der SPD (u. a. Gabriel, Schulze) und der CDU (Röttgen, Altmaier). Er sagte mir bei einem Spaziergang am Rande einer Konferenz (sinngemäß): „Ich verstehe Ihr Anliegen, aber wenn wir diesem folgen, verlieren wir unsere Basis." Das hat mir sehr eingeleuchtet. Es bedeutete aber zugleich, dass diese Basis – die demonstrierende Umweltbewegung, die Umweltverbände und -institute – eine hohe politische Verantwortung bei der Suche nach der Problemlösung trug und trägt, der sie sich nicht immer bewusst ist, sonst müsste sie sich angesichts der offensichtlichen Fehlentwicklungen mehr um alternative Lösungsansätze kümmern.

Die jährlichen Vertragsstaatenkonferenzen haben sich nach dem Inkrafttreten des Kyoto-Protokolls (2005) neben vielen wichtigen Unterpunkten wie der Landnutzung vor allem darauf konzentriert, wie ein Anschlussvertrag aussehen könnte, der mit Jahresbeginn 2013 nach Auslaufen des Kyoto-Vertrages in Kraft treten sollte. Bei der COP 15 in Kopenhagen sollte ein solcher Vertrag 2009 unterzeichnungsreif sein, damit sich die verschiedenen Betroffenen auf ein neues Regelwerk ab 2013 einstellen könnten. Aus europäischer Sicht war klar, dass 15 Jahre nach Kyoto auch die Entwicklungs- und Schwellenländer in die Pflicht genommen werden sollten. Doch China gab zu verstehen, dass es auch ab 2013 keine Verpflichtung zu einer absoluten Emissionsobergrenze eingehen würde, selbst dann nicht, wenn für eine befristete Zeit ein weiteres Emissionswachstum zulässig gewesen wäre. Allenfalls wäre China bereit gewesen, sich zu einem Emissionswachstum niedriger als sein Wirtschaftswachstum zu verpflichten.

COP 15 in Kopenhagen

Eine Koalition der Willigen zu schmieden, war die neue Leitlinie ohne Perspektive, den globalen Emissionspeak zu erreichen.

Schon im Vorfeld der Konferenz wurde klar, dass die bereits bei den Kyoto-Verhandlungen für die Periode nach der Laufzeit des Kyoto-Vertrags erhoffte Einbindung der Entwicklungs- und Schwellenländer in eine Verpflichtungsstruktur mit den wichtigsten dieser Länder, China und Indien, nicht zu schaffen war. China erlebte zur Zeit von COP 15 im Jahr 2009 eine Phase kaum vorstellbaren, von Konjunktureinbrüchen unabhängigen Wohlstandsgewinns. Dabei wuchsen die Treibhausgase fast im Gleichschritt mit dem Bruttoinlandsprodukt. Die Wirtschaft dieses Landes wies nun bereits 30 Jahre ein stabiles Wachstum auf, wie es in den westlichen Industrieländern nicht nur angesichts der hohen Raten, sondern auch wegen seiner Kontinuität unbekannt war. Allerdings hatte diese Kontinuität ihren Preis. Das Wachstum war und ist bis heute, wie dies bei staatlich gelenkten Wirtschaftssystemen gängig ist, stärker durch extensive Komponenten – Einsatz von mehr Investitionsmittel, auch importierten, und mehr Arbeitskräften – als durch intensive, das heißt Produktivitätsverbesserungen, gesteuert. Eine Folge davon war, dass sich die Produktivität im Energieverbrauch nicht mit dem Wirtschaftswachstum so verbesserte wie in den westlichen Industriestaaten.

Im westlichen Europa haben zwei Ereignisse der frühen 1970er Jahre dauerhaft Spuren hinterlassen. Zum einen war dies das 1972 erschienene Buch *Die Grenzen des Wachstums*,[39] das anhand von Computersimulationen darlegte, dass wegen des durch Wirtschafts- und Bevölkerungswachstum bedingten Wachstums an Ressourcenverbrauch einerseits und der Endlichkeit dieser Ressourcen andererseits Grenzen des Wachstums oder Kollapserscheinungen vorgezeichnet sind. Das zweite Ereignis war die Ölkrise als Folge des Jom-Kippur-Krieges im Herbst 1973, in dessen Folge die OPEC-Länder[40] ihre Ölproduktion drosselten und einige Ölimportstaaten ganz boykottierten. Dies führte zu einer Verzwölffachung des Ölpreises im Verlauf der 1970er Jahre. Die europäischen Staaten wurden sich ihrer Abhängigkeit über die Versorgung mit Öl hinaus bewusst und bemühten sich, ihre Energie-, aber auch die weitere Rohstoffeffizienz drastisch zu verbessern. Frankreich setzte auf den Sonderweg des Aufbaus von riesigen Kernkraftkapazitäten. Staatlich gelenkte Ökonomien im sowjetischen Machtbereich, aber auch in China und vielen Entwicklungsländern haben diesen Prozess nicht durchlaufen. Darin war später die Abneigung Chinas und vieler anderer Nicht-Annex-I-Staaten gegen eine verpflichtende Obergrenze bei Treibhausgasemissionen zur Zeit von COP 15 (2009) begründet. Indien allerdings pochte vor allem darauf, dass ihm wegen seiner niedrigen Pro-Kopf-Emissionen Ausgleichszahlungen zustünden.

Zur COP 15 in Kopenhagen (7.-18. Dezember 2009) reiste zum ersten Mal im Rahmen der Klimakonferenzen ein amerikanischer Präsident, nämlich Barack Obama, an, um mit seinem politischen Gewicht und Verhandlungsgeschick (siehe seine Memoiren *A Promised House*) den Prozess zu einem Anschlussabkommen voranzubringen.[41] Er musste einräumen, dass der Erfolg eher ausblieb, aber immerhin,

> „we'd succeeded in getting China and India to accept […] the notion that every country, and not just those in the West, had a responsibility to do its part to slow climate change".[42]

Damit, so meint er, sei der Durchbruch zum Pariser Klimaabkommen (bei der COP 21) gelungen.[43] Doch die Weigerung

Chinas und weiterer Emittenten mit hohen Wachstumsraten bei den Treibhausgasemissionen, sich für konkrete Emissionsobergrenzen zu verpflichten, schloss die Möglichkeit, bald den dringend erforderlichen Peak bei den globalen Emissionen zu erreichen, aus. Dieser Schock verzögerte dann auch den Abschluss eines Anschlussvertrages an das Kyoto-Protokoll.

In der Umweltbewegung führte die neue Situation bereits vor der Kopenhagen-Konferenz zu einem veränderten Denken: Wenn es nicht möglich war, zu einer gemeinsamen Verpflichtungsstruktur zu gelangen, dann sollten diejenigen, welche die Dringlichkeit des Problems erkannten, nicht gehindert, sondern ermutigt werden, dem Ziel einer emissionsfreien Welt näher zu kommen. Die „Coalition of the willing" gab die neue Orientierung vor, die dann den Weg zum Pariser Klimaabkommen wies.

In Kopenhagen kam kein Dokument, das alle hätten unterzeichnen können, zustande. Immerhin wurde der Copenhagen Accord formuliert, den die Teilnehmer zur Kenntnis nahmen und der von ihnen unterschrieben werden konnte. So trägt das Dokument die Unterschriften aller großen Emittenten, darunter China, die USA, Indien, Russland und die EU. Der Copenhagen Accord ist damit völkerrechtlich nicht verbindlich, da nicht alle Länder unterschrieben haben, aber er bringt einen breiten Konsens zum Ausdruck. Die wichtigsten Punkte sind erstens, dass, um das Ziel der Klimarahmenkonvention, keine gefährliche Störung des Klimas zuzulassen, zu erreichen, die anthropogene Klimaerwärmung unter 2 Grad Celsius bleiben musste. Zweitens mussten die Annex-I-Länder bis zum Jahr 2010 ihre selbstgewählten Reduktionsziele bekannt geben, während die Entwicklungsländer von diesbezüglichen Verpflichtungen vorläufig befreit waren. Dennoch sollten auch diese bis 2010 erklären, was sie gegen die Klimaerwärmung zu unternehmen gedachten. Drittens sollten die Annex-I-Länder zwischen 2010 und 2012 30 Milliarden US-Dollar mobilisieren, um ärmere Entwicklungsländer bei ihren Bemühungen gegen den Klimawandel zu unterstützen. Diese finanzielle Unterstützung sollte bis 2020 auf 100 Milliarden Dollar pro Jahr erhöht werden.

Kommentare zur COP 15 in Kopenhagen

Der enttäuschende Verlauf von COP 15 hat viele Empfehlungen ohne Durchsetzungskraft hervorgebracht.

Die Kommentare zur COP 15 fielen gemischt aus, aber die Enttäuschung überwog. Die *New York Times* schrieb:

> „Copenhagen's achievements are not trivial, given the complexity of the issue and the differences among rich and poor countries. President Obama deserves much of the credit".[44]

Die Zeitung hob zwei Ergebnisse hervor: erstens „a dramatic offer of $ 100 billion aid from industrialized nations to poorer countries to help them move to less-polluting sources of energy", zweitens Chinas Bereitschaft, einem Verifikationssystem zuzustimmen, das die zugesagten Aktionen überprüfen sollte.

Wenige Wochen nach Ende der Kopenhagen-Konferenz wurde am 12. Februar 2010 eine „Hochrangige Beratergruppe des UN-Generalsekretärs zur Finanzierung des Klimaschutzes" konstituiert. Ihr gehörten der äthiopische Ministerpräsident Meles Zenawi als Vorsitzender sowie unter anderem Nicholas Stern und Jens Stoltenberg, damals Ministerpräsident Norwegens, an. Diese Gruppe legte am 5. November desselben Jahres ihren Abschlussbericht vor. Dieser Bericht zählte aber lediglich die Optionen auf, wie die 100 Milliarden Dollar generiert werden könnten (öffentliche Mittel, verzinsliche Kredite, Gewinne aus Emissionshandel, Privatinvestitionen). Die viel schwierigere Frage der Lastenteilung, also welches Land nach welchem Schlüssel wie viel beitragen sollte, blieb in dem Bericht unerwähnt.

Der „Wissenschaftliche Beirat der Bundesregierung Globale Umweltveränderungen" (WBGU) drängt in einem Politikpapier *Klimapolitik nach Kopenhagen* (2010)[45] auf radikalere Lösungswege:

> „Der Komplexität der internationalen Klimapolitik nicht mehr angemessen ist die Zweiteilung der UNFCCC-Vertragsstaaten in Annex-I- und Nicht-Annex-I-Länder".[46]

Die „zentralen Aufgaben globaler Klimapolitik nach Kopenhagen" bestünden aus mehreren Faktoren:

> „Erstens ist weltweit ein großer Teil der politischen Entscheidungsträger noch nicht davon überzeugt, dass Dekarbonisierung und klimaverträgliche Entwicklung ohne erhebliche Wohlstandseinbußen funktionieren können (Demonstrationseffekt). Zweitens fehlt eine Einigung über ein globales Verteilungssystem in Bezug auf Vermeidungsanstrengungen, Anpassungsmaßnahmen, Finanzierung sowie Technologietransfer (konkrete Formel zur Lastenteilung) Die Menschheit steht hier vor einer fundamentalen Gerechtigkeitsaufgabe, die sie derzeit zu überfordern scheint."[47]

Diese „fundamentale Gerechtigkeitsaufgabe" wurde zu keiner Zeit auf die Agenda konkreter Verhandlungen gesetzt, aber auch bei den Interessengruppen sowie den Umweltverbänden kommt sie nicht vor. Das mag daran liegen, dass auch diese Verbände davon ausgehen, dass die Aufgabe die Menschheit überfordert.

Immerhin hat das Potsdam-Institut für Klimafolgenforschung in einem PIK-Report vier Monate nach der Kopenhagen-Konferenz eine klare Position eingenommen.[48] Dort steht:

> „Das zweite Konstruktionsproblem des bestehenden Weltklimasystems besteht in seiner mangelnden Orientierung an Gerechtigkeitsaspekten, die für die Umsetzung eines globalen Ansatzes jedoch unumgänglich ist".[49]

Weiter steht dort zu lesen:

> „Für eine illusionslose Klimapolitik ist entscheidend: Ohne ein globales Emissionshandelssystem kann das Klimaproblem nicht gelöst werden – weder die Förderung erneuerbarer Energien noch der Ausbau der Kernenergie noch nationale oder regionale Alleingänge können daran etwas ändern."[50]

Die Autoren schlagen vor, mit einem globalen Emissionshandelssystem im Jahr 2015 zu beginnen, wobei jedem Erdenbürger 5,1 Tonnen an Emissionen pro Jahr zugestanden würden, die im weiteren Verlauf drastisch abgesenkt würden. Dadurch

> „würde dem Gerechtigkeitsgrundsatz der gleichen Anrechte auf die Atmosphäre dann vollständig Rechnung getragen, was aus Sicht vieler Entwicklungsländer mit niedrigeren Pro-Kopf-Emissionen ein wichtiges Argument bei den folgenden Verhandlungsrunden sein wird."[51]

Wie dringlich der Faktor Zeit einen wirksamen Lösungsansatz notwendig macht, geht aus einem Interview mit Hans Joachim Schellnhuber, dem damaligen Direktor des Potsdam-Instituts, hervor, das acht Wochen nach Kopenhagen geführt wurde. Dort sagt er:

> „Mit den bisher freiwillig angebotenen nationalen Klimaschutzmaßnahmen treiben wir auf eine mindestens drei Grad wärmere Erde zu."

Und im weiteren Verlauf des Interviews heißt es:

> „Grob vereinfacht kann man einerseits sagen, dass sich sogar bei einem sofortigen CO_2-Stopp die Erde nochmals circa um ein Grad aufheizen würde – aufgrund der Trägheit des Systems. Weniger als zwei Grad ist also kaum mehr zu schaffen. Andererseits wäre deutlich mehr Erwärmung höchst riskant, da spätestens bei drei Grad die Risiken für große Teile der Zivilisation unbeherrschbar werden dürften."[52]

Zu einem Ansatz, wie das Potsdam-Institut ihn 2010 vorgeschlagen hat, ist es bis heute nicht gekommen. Es gab nicht einmal eine öffentliche Diskussion darüber. Stattdessen verstärkte sich die Philosophie der Koalition der Willigen. Der globale Emissionspeak wurde noch immer nicht erreicht.

Das Pariser Klimaabkommen

Ein großes Ziel und wenig Wegweisung, wie es erreicht werden soll.

Durch die Strategiewende rund um COP 15 in Kopenhagen wurde viel Zeit verloren. Die neue Art der Verpflichtungen bzw. Selbstverpflichtungen und deren Kontrolle musste sich erst einspielen, ebenso wie die Bemühungen, die vereinbarten Finanzierungen zu mobilisieren. So wurde beschlossen, den Kyoto-Vertrag bis 2020 ohne neue Verpflichtungen für die Annex-I-Länder zu verlängern und erst bei COP 21 in Paris einen Anschlussvertrag abzuschließen. Dieser sollte dann wiederum im Jahr 2020 in Kraft treten. Damit wurden im Vergleich zu dem ursprünglichen Plan, beim Auslaufen des ursprünglich bis 2012 terminierten Kyoto-Protokolls, also mit Beginn des Jahres 2013, nahtlos mit einem Anschlussvertrag fortzufahren, sieben Jahre verloren.

Die COP 21 fand vom 30. November bis 12. Dezember 2015 in Paris statt und wurde mit dem „Klimaabkommen von Paris" abgeschlossen, das von 195 Staaten und der EU unterzeichnet wurde. Das Abkommen präzisiert das Ziel des UNFCCC-Abkommens von 1992 in seinem Artikel 2. Der Temperaturanstieg soll im globalen Mittel „deutlich unter 2 Grad Celsius" gehalten werden und Anstrengungen sollen unternommen werden, den Anstieg auf 1,5 Grad zu begrenzen. Zweitens sind die Vertragsparteien bemüht, „so bald wie möglich den weltweiten Scheitelpunkt der Emissionen von Treibhausgasen" zu erreichen (Artikel 4 (1)). Dazu erarbeitet jede Vertragspartei aufeinanderfolgende national festgelegte Beiträge, die sie zu erreichen beabsichtigt. Die Vertragsparteien ergreifen innerstaatliche Minderungsmaßnahmen, um die Ziele dieser Beiträge zu verwirklichen (Artikel 4 (2)). Schließlich sollen die entwickelten Länder finanzielle Mittel bereitstellen, „um die Entwicklungsländer [...] bei der Minderung [der Emissionen] als auch bei der Anpassung [an klimabedingte Veränderungen] zu unterstützen" (Artikel 9). Der Betrag von 100 Milliarden Dollar jährlich, der in dem Copenhagen Accord (2009) genannt wird, kommt in dem Vertragstext von Paris nicht vor. Allerdings gibt es Begleittexte, in dem er für den Zeitraum von 2020 bis 2025 genannt wird. Ab 2026 soll dann ein höherer Betrag gelten.

Viele Artikel oder Unterpunkte beginnen mit „Die Vertragsparteien werden ermutigt ..." oder „Die Vertragsparteien erkennen an ...", aber strikte Verpflichtungen werden in dem Text nicht genannt. Insbesondere gibt es keine Erklärung zu der Lastenteilung der Beiträge zwischen entwickelten und Entwicklungsländern, so dass die bisher bereitgestellten Finanzzusagen weit unter dem Betrag von 100 Milliarden Dollar bleiben. Vielmehr erweckt der Verhandlungsverlauf den Eindruck, dass die Annex-I-Länder hierbei zu Zugeständnissen oder zur Klärung der Lastenteilung nicht bereit sind, solange sich die Entwicklungs- und Schwellenländer nicht zu Emissionsobergrenzen verpflichten. Die damit erreichte Balance geht zu Lasten der Problemlösung.

Der regionale Emissionshandel

Der europäische Emissionshandel könnte als Labor für nationale Emissionshandelssysteme weltweit genutzt werden. Dazu müsste es einen Anreiz für Entwicklungs- und Schwellenländer geben, um solche Systeme auf nationaler Ebene einzuführen.

Im Jahr 2005 führte die Europäische Union für ca. 7 000 energieintensive Unternehmen, die etwa ein Drittel der gesamten EU-Treibhausgase emittierten, ein Emissionshandelssystem ein. Das heißt, die Gesamtmenge an Emissionen dieser Unternehmen wurde festgelegt und es wurden entsprechend Zertifikate pro Tonne CO_2-Emission ausgegeben. Auch andere Treibhausgase wurden in das System einbezogen, deren Treibhauseffekt in CO_2-Äquivalente umgerechnet wurde. Die Zertifikate wurden anfangs zu fast 100 Prozent entsprechend der zuvor gemessenen Emissionen verschenkt (Grandfathering-Prinzip), ab 2013 wurden 20 Prozent der Zertifikate versteigert. Die zulässige Gesamtmenge an Emissionen wurde pro Jahr um 1,8 Prozent reduziert, ab 2021 um 2,2 Prozent. Die Einnahmen wurden zu 88 Prozent an die Staaten, in denen die versteigerten Zertifikate gekauft wurden, zurückgegeben, zum kleineren Teil an ärmere EU-Staaten für deren Investitionen in die Umstrukturierung des Energiesektors verteilt.

Auch in anderen Regionen, so in manchen Bundesstaaten der USA, aber auch in China wurden sektorale Emissionshandelssysteme eingeführt. Bis heute ist jedoch das europäische Emission Trading System (EU-ETS) das umfassendste und am dauerhaftesten eingesetzte ETS. Es ist ein wichtiges Labor zur

Erkenntnis von Preisentwicklungen bei der Reduzierung des Angebots und der Ausweitung der beteiligten Sektoren (z. B. Luftverkehr) sowie von Reaktionen des Marktes bei Anhebung des Anteils der Zertifikate, die versteigert statt verschenkt werden. Offensichtlich ist aber auch, dass diese Form der Bepreisung ihre Grenzen hat, wenn es um deutliche Wettbewerbsnachteile gegenüber Regionen geht, die von einem vergleichbaren Preisaufschlag nicht betroffen sind. Die Verlagerung von Produktionen von Standorten mit Bepreisung in solche ohne Bepreisung wird als „carbon leakage" bezeichnet. Es gibt mehrere Formen, diesen ökonomisch und klimapolitisch unerwünschten Effekt abzuwehren. Dazu gehören eine Art Zoll (border tax adjustment), der aber im Rahmen der Welthandelsorganisation (WTO) auf Widerstand stößt, oder eine kostenlose Zuteilung von Zertifikaten an Sektoren, die von der Wettbewerbsverzerrung besonders betroffen sind. Allerdings sollen im EU-ETS die kostenlosen Zuteilungen bis 2030 auf null heruntergefahren werden.

Die Europäische Kommission hat 2019 einen Green Deal mit einer breiten Agenda vorgeschlagen, deren Abarbeitung dazu dienen soll, die im Rahmen des Pariser Abkommens festgelegten Ziele zu erreichen. Bis 2030 soll die EU um 55 Prozent weniger Treibhausgase emittieren als 1990, bis 2050 soll Klimaneutralität hergestellt sein.[53] Im Rahmen dieses Green Deals soll ein neues Instrument, der Carbon Border Adjustment Mechanism (CBAM), geschaffen werden. Letztlich geht es darum, Importgüter, die keinem dem EU-ETS vergleichbaren Preisaufschlag unterliegen, mit einer Abgabe zu versehen, welche die Wettbewerbsgleichheit herstellt. Dieses Vorgehen stößt auf verschiedene Probleme. Zum einen müssen nachvollziehbare Berechnungsregeln aufgestellt werden, wie hoch diese Abgabe zu bemessen ist, zum anderen müssen die Regeln der Welthandelsorganisation (WTO) eingehalten werden. Sodann ist darauf zu achten, dass dieser Schritt keinen Protektionswettlauf auslöst, das heißt, das Vorgehen muss dem Exportland so kommuniziert werden, dass dieser Schritt verstanden und akzeptiert wird. Schließlich darf der bürokratische Aufwand nicht den Nutzen des Einsatzes dieses Instruments übersteigen. Neben der Gefahr, dass es mehr Schaden als Nutzen verursacht, könnte es umgekehrt auch einen positiven klimapolitischen Effekt auslösen: Anstelle des Importlands könnte auch das Exportland die Klimaabgabe selbst abschöpfen und auf diese Weise Wettbewerbsneutralität herstellen, so dass der abgeschöpfte Betrag im Produzentenland verbleibt. Damit würde in diesem Bereich der Internalisierung der Klimakosten Rechnung getragen. Es bräuchte allerdings viel wechselseitige Transparenz, Bereitschaft und Vertrauen, um ein solches System wirksam einsetzen zu können.

Unbestreitbar stößt jedes regionale ETS an Grenzen der Wettbewerbsfähigkeit, die nur durch ein System (ungefähr) gleicher Bepreisung der Treibhausgasemissionen weltweit oder mindestens unter den zehn bis zwanzig größten Emittentenländern ausgeglichen werden können. Eine stärkere jährliche Kürzung der Zertifikate und eine schnellere Absenkung der Emissionen, aber auch eine Erhöhung des Preises pro Zertifikat wären dann durchsetzbar, wenn alle Länder, mit denen die EU im Wettbewerb steht, ebenfalls einen Emissionshandel einführten. Um dafür einen Anreiz zu geben, sollte das System mit dem im Pariser Klimaabkommen zugesagten 100-Milliarden-Dollar-Transfer von den Industrieländern in die Entwicklungs- und Schwellenländer verknüpft werden. Die Höhe des Transfers sollte sich zum einen an der Bevölkerungszahl des Empfängerstaates, zum anderen daran orientieren, wie nahe der nationale Zertifikatspreis an dem vorgegebenen Preis liegt, der die Voraussetzung für eine globale Absenkung der Emissionen zur Erreichung des 1,5-Grad-Ziels ist. Doch um eine solche Strategie zu entwickeln, bedarf es einer öffentlichen Diskussion, kommen doch sonst das notwendige Verständnis und der öffentliche Druck nicht zustande.

In Indien entscheidet sich mehr als in Europa

Nach China wird nun Indien als Treiber des globalen CO_2-Wachstums erwartet. Sollen wir dieses Problem Indien überlassen?

Die drei größten CO_2-Emittenten sind derzeit (Zahlen für 2021) China mit 10,4 Milliarden (oder Giga-)Tonnen (GT) pro Jahr, die USA mit 5,0 GT, und an dritter Stelle steht die EU, wenn man sie als staatliche Einheit betrachtet, mit 2,8 GT, gefolgt von Indien mit 2,4 GT. Legt man die durchschnittlichen Emissionswachstumsraten der Jahre zwischen 2010 und 2021 für die kommenden Jahre zugrunde, wird Indien (3,9 % pro Jahr) die EU (minus 1,9 % pro Jahr) im Jahr 2024 als drittgrößten Emittenten ablösen. Indien hat seine CO_2-Emissionen zwischen 1990 und 2021 um 1,86 GT erhöht. Die EU-27 hat ihre im selben Zeitraum um 1,06 GT abgesenkt. Dennoch liegt Indien mit seinen Pro-Kopf-Emissionen von 1,7 Tonnen immer noch weit unter dem Weltdurchschnitt von 4,45 Tonnen und bei unter 30 Prozent der EU-Pro-Kopf-Emissionen. Diese liegen bei 6,2, die Chinas bei 7,3 Tonnen.

An dieser Stelle muss ein Exkurs zu den statistischen Angaben erfolgen, um Missverständnisse zu vermeiden. Grundsätzlich muss bei den Emissionen unterschieden werden zwischen Treibhausgasemissionen (insgesamt) und CO_2-Emissionen. CO_2 ist das mit Abstand wichtigste Treibhausgas. Daneben gibt es gemäß Kyoto-Protokoll fünf weitere Treibhausgase, darunter Methan (CH_4), Distickstoffoxid (N_2O) und

Fluorkohlenwasserstoffe, die vor allem in der Landwirtschaft, der Abfallwirtschaft und Industrie vorkommen.[54] Die Industrieländer (Annex-I-Länder) sind gemäß Kyoto-Protokoll verpflichtet, über alle Treibhausgase Inventare zu führen, die Nicht-Annex-I-Länder müssen dies nur bei ihren CO_2-Emissionen tun. Die Nicht-CO_2-Emissionen werden dabei nach einem vorgegebenen Schlüssel in CO_2-Äquivalente umgerechnet, so dass ein einheitliches quantitatives Maß für Treibhausgasemissionen, nämlich CO_2-Äquivalente, vorliegt. Der Anteil der CO_2-Emissionen an den Treibhausgasemissionen lag bei den Annex-I-Ländern im Jahr 2000 bei 79 Prozent, 2010 bei 80 Prozent und 2021 ebenfalls bei 80 Prozent. Dies lässt vermuten, dass die Nicht-CO_2-Treibhausgase auch bei Veränderungen der CO_2-Emissionsmenge sich relativ stabil mitverändern und bei 20 Prozent der gesamten Treibhausgase liegen. Bei den Nicht-Annex-I-Ländern mag dieser Anteil geringfügig höher liegen, weil der Anteil der Landwirtschaft etwa im Vergleich zum Dienstleistungssektor größer ist als in den Annex-I-Länder, aber vermutlich steht auch er in einer stabilen Relation zu den CO_2-Emissionen. Dies bedeutet, dass ein quantitativer Vergleich der Annex-I- mit den Nicht-Annex-I-Ländern nur bei den CO_2-Emissionen möglich ist, weil die Nicht-Annex-I-Länder keine Inventare über die anderen Treibhausgase führen. Diese Vergleiche der CO_2-Emissionen lassen aber erwarten, dass die Vergleiche der gesamten Treibhausgasemissionen, wenn sie denn möglich wären, wegen ihrer stabilen Relation zu den CO_2-Emissionen zu ganz ähnlichen Ergebnissen führen würden. Allerdings geht es bei den absoluten Zahlen, etwa bei Pro-Kopf-Emissionen, darum, dass die Zahlen für Pro-Kopf-CO_2-Emissionen um ca. 20 Prozent niedriger liegen als die Pro-Kopf-Zahlen für Treibhausgase insgesamt. Dies führt dazu, dass bei Veröffentlichungen unterschiedliche Pro-Kopf-Emissionen genannt werden, ohne dass der Unterschied zwischen Treibhausgasemissionen und CO_2-Emissionen deutlich wird. Da die Treibhausgase insgesamt mangels Daten auf Seiten der Nicht-Annex-I-Länder nicht zur Verfügung stehen, werden hier die Pro-Kopf-CO_2-Emissionen verglichen.

Nun sprechen viele Daten dafür, dass Indien in den kommenden Jahrzehnten das Land mit dem größten absoluten Wachstum an CO_2- und Treibhausgasemissionen und damit zum Hauptgrund für die weitere Verzögerung wird, dass die globalen Emissionen endlich abgesenkt werden. Indien ist seiner Klimapolitik seit den 1990er Jahren treu geblieben. Das Land hat immer darauf bestanden, dass die Atmosphäre als öffentliches Gut allen Menschen zu gleichen Teilen gehört. Deshalb hat Indien immer dafür plädiert, dass die globalen Emissionen, die mit dem Ziel von Artikel 2 UNFCCC (1992) oder dem Pariser Klimaabkommen (2015) vereinbar sind, nach einem Pro-Kopf-Schlüssel aufgeteilt werden müssen und diejenigen, die mehr emittieren, als ihnen pro Kopf zusteht, an diejenigen, die weniger emittieren, eine Gebühr entrichten müssen. Die Pro-Kopf-Zuteilung muss, damit das System funktionieren kann, vom Durchschnitt der aktuellen Emissionen ausgehen, um diese dann nach der vorgegebenen Dringlichkeit abzusenken. Wenn Indien mit 1,7 Tonnen pro Kopf derzeit nicht einmal 40 Prozent des weltweiten Durchschnitts (4,45 Tonnen, beide Zahlen gelten für das Jahr 2021) erreicht, sieht es für sich einen großen Spielraum, die Treibhausgasemissionen weiter zu erhöhen. Indien ist mit 18 Prozent der Weltbevölkerung nur für 7 Prozent der globalen Emissionen verantwortlich, der große Rivale China dagegen mit ebenfalls 18 Prozent der Weltbevölkerung für 30 Prozent der globalen Emissionen. Deshalb geht Indien davon aus, dass es wenig gebunden ist, bei den Selbstverpflichtungen, wie sie das Pariser Klimaabkommen vorsieht, in den kommenden Jahrzehnten ambitioniert vorzugehen. Dies schlägt sich in Daten nieder, die für das Weltklima alarmierend sind.

Der Internationale Währungsfonds (IWF) hat in einer Studie[55] Indien als eine der am schnellsten wachsenden Volkswirtschaften in den kommenden Jahren bezeichnet. Unter der gegebenen Politik würden die Treibhausgasemissionen bis 2030 um mehr als 40 Prozent, das heißt um 1 GT, wachsen. Dies entspräche dem geplanten Rückgang der Emissionen in der EU im selben Zeitraum mit dem Unterschied, dass die Emissionen in Indien danach weiterwachsen werden, während sie in der EU weiter zurückgehen werden. Damit würde Indien sein selbstgestecktes Ziel, bis 2070 klimaneutral zu sein (China hat seine Klimaneutralität für 2060 in Aussicht gestellt), weit verfehlen, da Indien seine Investitionen in Kohlekraftwerke vergrößert und diese 2070 noch in Betrieb sein dürften. Deshalb schlägt der IWF eine graduelle Erhöhung der Subvention für erneuerbare Energien verbunden mit höheren Steuern auf Emissionen, also einer Bepreisung derselben, vor. Dadurch würden auch die Abhängigkeit von importierten Brennstoffen sowie die Gesundheitsprobleme durch Luftverschmutzung reduziert werden. Externe Finanzierungen und ein Technologietransfer aus dem Ausland könnten hierzu ebenso einen Beitrag leisten. In dem Modell, das der IWF ausgearbeitet hat, würden diese Maßnahmen zu einer Reduzierung der Emissionen Indiens (alternative emissions trajectory) im Vergleich zu der Entwicklung gemäß der derzeitigen Politik (business as usual) um fast 30 Prozent, aber immer noch zu einem Emissionswachstum führen. Um einen Entwicklungspfad einzuschlagen, der realistischerweise zu dem Ziel Indiens, bis 2070 klimaneutral zu sein, führt (illustrative direct path to net-zero 2070 target), müsste eine viel ambitioniertere Politik eingeschlagen werden.

Indien weist eine noch schlechtere Energieeffizienz auf als China. Mit ca. 27 Prozent der Effizienz der wichtigsten EU-Staaten benötigt es fast viermal so viel Energie, um eine Einheit des Bruttoinlandsproduktes herzustellen.[56] In China hat sich die Effizienz des Energieeinsatzes zwar langsam, aber doch schneller verbessert, als die Bevölkerung gewachsen ist, so dass das Bevölkerungswachstum kein Treiber für den Energieverbrauch darstellt. Dies ist in Indien anders. Wie China plant Indien neben den Kapazitäten erneuerbarer Energie auch die Kohlenutzung langfristig zu erhöhen. Die Selbstverpflichtungen Indiens, wie sie das Pariser Abkommen vorsieht, wurden im Rahmen des Climate Action Trackers, eines unabhängigen wissenschaftlichen Rankings des Beitrages zum 1,5-Grad-Ziel, im Jahr 2022 mit „highly insufficient" eingestuft.

Die Potentiale zur Einsparung von Treibhausgasemissionen sind in Indien riesig, und vor allem wachsen sie in Zukunft dramatisch an, weil die indische Regierung sich auf einem nachholenden Entwicklungspfad sieht, der dem Land das Recht gibt, ähnlich wie die Industrieländer vor Jahrzehnten mit Hilfe von fossiler Energie ihr Wachstum zu generieren. Wäre es unter diesen Umständen nicht angezeigt, Indien einen Anreiz zu bieten, einen moderneren Entwicklungspfad einzuschlagen?

Wo stehen wir jetzt?

Die gegenläufige Entwicklung einer Emissionsreduzierung in den Industrieländern und eines nachholenden Emissionswachstums in den Entwicklungs- und Schwellenländern führt nicht in die Richtung, um das seit Jahrzehnten erklärte Ziel zu erreichen.

Seit den frühen 1990er Jahren sind die globalen CO_2-Emissionen mit Ausnahme der Jahre 2009 (Finanzkrise) und 2020 (Corona) jedes Jahr angestiegen, obwohl die IPCC-Sachstandsberichte dringend ein baldiges Absenken dieser Emissionen anmahnten, so der vierte Sachstandsbericht (2007) für spätestens 2015, das Pariser Klimaabkommen für „möglichst bald". Viele Experten, darunter der heutige Direktor des Potsdam-Instituts für Klimafolgenforschung Ottmar Edenhofer, haben es für „spätestens 2020"[57] vorgegeben. Seit über dreißig Jahren haben die Industrieländer (Annex-I-Staaten) ihre CO_2- und Treibhausgasemissionen wenn auch nicht ausreichend, so doch kontinuierlich zwischen 1990 und 2021 reduziert: die CO_2-Emissionen um 16 Prozent, die Treibhausgasemissionen insgesamt ebenfalls um 16 Prozent, die EU-27 um 29 Prozent und Deutschland um 39 Prozent.[58] Die Entwicklungs- und Schwellenländer haben im selben Zeitraum ihre CO_2-Emissionen um 225 Prozent gesteigert, also mehr als verdreifacht. In absoluten Zahlen haben die Entwicklungs- und Schwellenländer um 15,3 GT zugelegt, die Annex-I-Staaten um 2,4 GT, die EU um 1,1 GT reduziert; Letztere steht im Jahr 2021 noch bei 2,8 GT.

Der Anteil Deutschlands an den globalen CO_2-Emissionen lag im Jahr 1990 bei 4,8 Prozent, 2021 noch bei 1,93 Prozent. Ähnlich ist der Anteil der EU-27 zurückgegangen, von 17,6 Prozent (1990) auf 8,0 Prozent (2021). Selbst die USA, deren Emissionen ab dem Jahr 2000 schneller zurückgegangen sind als bei den anderen Annex-I-Ländern, haben ihren Anteil an den globalen Emissionen von 23 Prozent (1990) auf 14 Prozent (2021) reduziert. Ist die Schraube, an der wir fast ausschließlich drehen, nämlich die Reduzierung der Emissionen in Deutschland und der EU, wirklich die wichtigste, um die Klimaerwärmung zu bekämpfen?

China ist seit 2008 der weltweit größte CO_2-Emittent. Sein Anteil an den globalen Emissionen liegt 2021 bei 30 Prozent und ist damit mehr als doppelt so hoch wie der US-Anteil. China hat auch bei den Pro-Kopf-Emissionen (7,3 Tonnen im Jahr 2021) die EU (6,2 Tonnen) überholt, während beide über dem Weltdurchschnitt von 4,45 Tonnen pro Kopf liegen, der fast identisch mit dem Stand 1990 ist. Die CO_2-Emissionen sind also in gleichem Umfang wie die Weltbevölkerung gewachsen.

China verfügt wie kein anderes Land über Einsparpotential. Der Energieverbrauch pro Einheit des Bruttoinlandsverbrauchs ist 2,8-mal höher als in den EU-Ländern Deutschland, Frankreich und Italien und um 46 Prozent höher als im Weltdurchschnitt. Für ein Land des Entwicklungsniveaus Chinas ist diese geringe Energieeffizienz als katastrophal zu bezeichnen. Dazu kommt, dass China den CO_2-intensivsten Energieträger Kohle in einem erschreckend hohen Maß einsetzt: China verbrannte im Jahr 2021 mehr Kohle als der Rest der Welt zusammen (54 Prozent des Weltverbrauchs),[59] und dieser Anteil wird vermutlich noch wachsen, wenn es keinen Anreiz zu einer Änderung gibt. Im Fünfjahresplan 2021–2025 sind neue Kohlekraftwerke mit einer Kapazität von insgesamt 200 GW vorgesehen, etwa das Fünffache der Kohlekraftwerkbestände in Deutschland. China plant im Rahmen des Pariser Abkommens ab 2030 seine CO_2-Emissionen abzusenken. Um wie viel sie bis dahin wachsen werden, wird nicht angekündigt.

Indien, das im Jahr 2023 China als bevölkerungsreichstes Land überholt hat, trägt mit knapp 7 Prozent im Vergleich zu China nicht einmal ein Viertel so viel zu den globalen Emissionen bei, doch handelt es sich hier um einen erwachenden Riesen. In Zukunft wird Indien nicht nur das bevölkerungsreichste Land der Erde sein, sondern im Gegensatz zu China auch ein erhebliches Bevölkerungswachstum aufweisen, und auch das Wirtschaftswachstum wird für die 2020er Jahre höher eingeschätzt als das Chinas.[60] Indien ist mit 12,6 Prozent der zweitgrößte Verbraucher von Kohle der Welt; Deutschland rangiert mit 1,3 Prozent des Weltkohleverbrauchs auf Platz 10. Die EU verwendet ein Drittel so viel Kohle wie Indien. Pro Kopf konsumieren die beiden Regionen ziemlich genau gleich viel mit dem Unterschied, dass der Kohleverbrauch in der EU sinkt, in Indien und China hingegen steigt. China und Indien, zusammen 36 Prozent der Weltbevölkerung, verbrennen zwei Drittel des Weltverbrauchs an Kohle, und dieser Anteil wird weiter ansteigen. Die Entwicklung und die im Rahmen des Pariser Abkommens erklärten Absichten der beiden bevölkerungsreichsten Länder sprechen nicht dafür, dass die Begrenzung der globalen Klimaerwärmung auf weniger als 2 Grad eine Chance hat.

Die Industriestaaten (Annex-I-Länder), die 1990 noch für 69 Prozent der globalen CO_2-Emissionen verantwortlich waren, hatten im Jahr 2021 einen Anteil von nur noch 36,5 Prozent. Der Rückgang der Emissionen bei den Industrieländern sollte unbedingt beschleunigt werden, denn im Pro-Kopf-Vergleich liegt auch die EU (6,2 Tonnen) und besonders Deutschland (8,1 Tonnen) immer noch über dem Weltdurchschnitt (4,45 Tonnen). Doch sollte auch registriert werden, dass die Möglichkeiten Deutschlands und der EU, durch interne Vorgaben (Green Deal etc.) Einfluss auf die globalen Emissionen zu nehmen, wegen ihrer sinkenden Anteile an den Weltemissionen im einstelligen Bereich immer mehr abnimmt.

Es war gewiss nicht die Absicht der Verhandlungen bei den ersten drei Vertragsstaatenkonferenzen (COP 1–3), die 1997 zum Kyoto-Protokoll geführt haben, dass die Schere zwischen Annex-I- und Nicht-Annex-I-Länder so weit auseinandergeht, wie die Realität gezeigt hat, einschließlich des Effekts, dass das bis 2023 bevölkerungsreichste Land China bei den Pro-Kopf-Emissionen den Weltdurchschnitt und die EU überholt hat, obwohl sich China immer noch als Entwicklungsland definiert. Nicht nur Klaus Töpfer hat in seinem 1992 als Regierungsmitglied publizierten „Plädoyer für eine gleichberechtigte Partnerschaft“ den Kollaps des Planeten vorausgesagt, wenn die Entwicklungs- und Schwellenländer den Entwicklungspfad der Industrieländer nachahmen. Die Realität müsste doch als eine Fehlentwicklung des Prozesses der globalen Klimapolitik wahrgenommen werden, gar einen Aufschrei auslösen.

Als im ersten Jahrzehnt des neuen Jahrhunderts sich die Emissionen der Nicht-Annex-I-Staaten fast verdoppelten und diese Länder, insbesondere China, verpflichtende Obergrenzen ablehnten, wichen die Industriestaaten auf die neue Philosophie der „Koalition der Willigen“ aus, die dann in modifizierter Form zu den Selbstverpflichtungen des Pariser Klimaabkommens führten. Wäre es nicht sinnvoll gewesen, einen neuen Versuch zu starten, ein Anreizsystem aufzubauen, das heißt entsprechend dem Verursacherprinzip alle Emittenten zu belasten, um damit den erneuerbaren Energien einen legitimen Wettbewerbsvorteil zu verschaffen und die eingenommenen Finanzmittel zu verwenden, um einen Ausgleich herzustellen zwischen denen, die überdurchschnittlich, und denen, die unterdurchschnittlich viel emittieren? Heute ist ein globales System mit diesen Ambitionen nicht mehr realisierbar, weil der mit Abstand weltgrößte Emittent, nämlich China, zu den Nettozahlern gehören müsste, alle Erfahrungen mit dem bestehenden Regime in China lässt es aber als illusorisch erscheinen, dass dieses Land einem solchen Transfer zustimmen würde.

Woran hat es gefehlt und was ist zu tun?

Um an den großen Schrauben zur Problemlösung zu drehen, braucht es ein globales Anreizsystem, über das öffentlich zu diskutieren sich lohnt.

Bis zu dem Erdgipfel in Rio de Janeiro (UNCED 1992) gaben die Umweltökonomen den Ton vor, wie das Klimaproblem einer Lösung zugeführt werden könnte. Dies hat sich unter anderem in der Rio-Deklaration niedergeschlagen, aber auch in den Enquetekommissionen des Bundestages. Mit Beginn der Vertragsstaatenkonferenzen hat die Umweltbewegung die Deutungshoheit übernommen. Dies mag daran liegen, dass die COPs wie große Messen organisiert waren und weiterhin sind. Neben den von den Vertragsstaaten entsandten Regierungsdelegationen sind räumlich in dem Konferenzzentrum Umweltverbände mit Quasi-Messeständen präsent, die dann zu Vortragsveranstaltungen und Essen einladen. Dadurch entsteht nicht nur ein Austausch mit den Verhandlungsvertretern der Regierungen, sondern insbesondere mit den Medienvertretern, die sich auf diese Weise fast exklusiv informieren. Wissenschaftliche Umweltökonomen sind nicht in annähernd vergleichbarer Weise vertreten, so dass die Berichterstattung und damit die Kenntnis der Öffentlichkeit sehr stark von den dort angebotenen Informationen geprägt sind.

Was ist der wesentliche Unterschied bei den Lösungsansätzen zwischen Umweltökonomen und Umweltverbänden? Das Ziel ist dasselbe. Beide Seiten wollen das Problem lösen, also im Sinne der Klimarahmenkonvention (1992, Artikel 2) dafür sorgen, dass durch menschliche Eingriffe keine gefährliche

Veränderung des Klimas erfolgt. Umweltverbände neigen zu einer Bottom-up-Lösung, sprich zu einer Lösung, die von unten aufwächst, bei der alle beteiligt sind, in der Vorbilder eine wichtige Rolle spielen, und zwar sowohl im zwischenmenschlichen wie im zwischenstaatlichen Bereich. Sie sind bei Zielvorgaben progressiv, aber wenig eindeutig, mit welchen Instrumenten diese Ziele erreicht werden sollen. Ob dieser Ansatz auch für Problemlösungen anwendbar ist, bei denen die ganze Welt mit ihren gravierend unterschiedlichen Interessen betroffen ist und es, welche Instrumente auch immer eingesetzt werden, um vierstellige Milliarden-Euro-Beträge an Investitionen pro Jahr geht, wird von Umweltökonomen bezweifelt. Nicht bestritten wird, dass die Begleitung der Problemlösung durch eine ethische Verankerung in der Weltgesellschaft erforderlich ist. Eine Debatte über den Ausgleich zwischen Verursachern und Geschädigten wäre seit drei Jahrzehnten dringend geboten.

Umweltökonomen gehen davon aus, dass ein Problem von der Dimension der Klimaerwärmung ein globales Regelwerk braucht, das auf möglichst einleuchtenden Prinzipien aufbaut und effizient ist, also bei möglichst geringen Kosten zu einer Lösung führt, und das als gerecht betrachtet wird, denn in Ermangelung einer Weltregierung, die durchregieren kann, muss ein Konsens unter fast 200 Staaten gesucht werden, der als fair empfunden wird, niemanden überfordert und möglichst niemanden zum Trittbrettfahrer werden lässt. Das Kyoto-Protokoll ist kein solches Regelwerk, denn es hat nicht einmal 20 Prozent der Menschheit gebunden, und zudem bestand keine Kontrolle darüber, dass das Ziel erreicht wurde. Das Pariser Klimaabkommen wiederum setzt auf Freiwilligkeit und kann deshalb erst recht nicht garantieren, dass sein Ziel erreicht wird. Es müsste schon ein wesentlich gesteigertes Erschrecken über die durch den Klimawandel erzeugte Zerstörungskraft eintreten, damit freiwillige Maßnahmen ausreichen, das Ziel einigermaßen zu erreichen. Wenn Erschrecken, das vermutlich wie bei einem Erdbeben regional sehr unterschiedlich ausfallen würde, zum Maß für freiwillige Maßnahmen würde, wäre eine wenig gerechte Lösung vorgezeichnet.

Eine Top-down-Lösung könnte und müsste sich vor allem auf zwei Instrumente stützen, die Gerechtigkeitsaspekte mit einbeziehen würden: Anreize und Verpflichtungen. Das Kyoto-Protokoll enthielt Verpflichtungen für die Annex-I-Staaten und keine Anreize. Das Pariser Abkommen enthält Selbstverpflichtungen und ebenfalls keine Anreize. Dieser Mangel an Anreizen hat zu der explosionsartigen Ausweitung der CO_2-Emissionen geführt, die nicht notwendig gewesen wäre, denn zum einen haben die Entwicklungs- und Schwellenländer bei Neuinvestitionen, insbesondere Kraftwerken, viel zu sehr auf fossile Energien gesetzt, weil sie die Industrieländer nachgeahmt haben, statt einen Anreiz für eine modernere Energieversorgung zu erhalten, zum anderen hat sich die Energieverschwendung zwar im Durchschnitt etwas abgebaut, dies aber mit einem viel zu langsamen Tempo. Dabei haben Subventionen für fossile Energien in der Absicht, die Bevölkerung ruhigzustellen, eine unrühmliche Rolle gespielt, ohne dass damit ein Verstoß gegen internationale Regeln vorgelegen hätte.

Einen Anreiz zur Modernisierung der Energiewirtschaft und zur Reduzierung der Treibhausgasemissionen könnte ein Modell bieten, wie es mit dem globalen Emissionshandel bereits beschrieben ist. Der Vorteil dieses Modells liegt auch darin, dass es externalisierte Kosten internalisiert, damit erneuerbare Energien wettbewerbsfähig macht, Investitionen zu den Erneuerbaren lenkt und zugleich Geld für eine soziale Abfederung verfügbar macht. Würden zum Beispiel durch die Weltzertifikatebank Emissionsrechte für 4 Tonnen pro Kopf ausgegeben und müsste ein Land weitere vier Tonnen hinzukaufen, weil der Pro-Kopf-Verbrauch bei 8 Tonnen liegt, dann müsste der Preis für vier Tonnen über die Weltzertifikatebank an ausländische Verkäufer abgeführt werden, die Einnahmen für die übrigen vier Tonnen blieben aber im Inland und könnten zum einen denjenigen zugeführt werden, die durch den Aufpreis finanziell überlastet würden, und zum anderen die Bereitstellung von Kapazitäten erneuerbarer Energien fördern. Eindeutig ist, dass durch diesen Transfer von den Hochemissionsländern in die Länder mit niedrigen Emissionen, um deren Modernisierung der Energiewirtschaft zu fördern, ein wichtiger Gerechtigkeitsaspekt zum Zuge käme.

Es ist erstaunlich und bedauerlich, dass in mehr als drei Jahrzehnten Klimapolitik nie eine öffentliche Diskussion über Lösungsalternativen stattgefunden hat. Allenfalls in Zeitungsinterviews kam dies gelegentlich zum Ausdruck. So hat Ottmar Edenhofer vom Potsdam-Institut im Jahr nach der enttäuschenden Kopenhagen-Konferenz in einem Interview gesagt:

> „Die Klimapolitik bietet die Chance für einen gerechten Lastenausgleich. Eine vieldiskutierte Möglichkeit wäre die Emissionsrechte an Länder nach Bevölkerungsgröße zu verteilen, sodass am Ende jeder Mensch das gleiche Recht auf das Nutzen der Atmosphäre hat. Davon würden vor allem Afrika, aber auch Indien profitieren."[61]

Doch weder in den Berichten über die Vertragsstaatenkonferenzen noch in Features in Funk und Fernsehen oder Talkshows kam es zu Diskussionen über die unterschiedlichen Lösungswege im politischen Umgang mit diesem Menschheitsproblem. Dabei ist ein öffentliches Interesse an den Lösungsalternativen eine Voraussetzung dafür, dass sich Politiker in die Problematik einarbeiten.

Ich habe im Jahr 2002 eine nichtrepräsentative Umfrage bei Bundestagsabgeordneten aus vier Fraktionen, die für mich erreichbar waren, mit den folgenden drei Fragen durchgeführt: Erstens: Halten Sie das Klimaproblem für eine wichtige politische Aufgabe? Die durchgängige Antwort bei allen Fraktionen war „ja". Zweite Frage: Leisten Sie selbst einen Beitrag zur Lösung des Problems? Die durchgängige Antwort war „ja". Die dritte Frage: Worin besteht Ihr Beitrag? Bei allen kam ein Beispiel aus dem eigenen Wahlkreis. Ganz offensichtlich waren und sind die Wähler bis heute stärker an einem Beitrag zur Lösung des Klimaproblems interessiert, den sie in ihrem unmittelbaren Umfeld selbst wahrnehmen und nutzen können. Dazu gehört zum Beispiel ein Fahrradweg, der sie dazu bringt, das Auto zu Hause zu lassen. Die Frage, ob auf diese Weise das Problem, das ja unstrittig ein globales ist, gelöst werden kann, interessiert die Wähler nicht so sehr, weil sie über die Medien nicht mit den Alternativen und Schwierigkeiten der Lösungsmöglichkeiten behelligt werden. So gibt es auch keine Politiker, die sich mit mehr als den nationalen Zielen, das heißt mit mehr als der Absenkung des 1,9-Prozent-Anteils des Gesamtproblems oder im besten Fall mit dem Green Deal der EU (8 % Anteil an den Gesamtemissionen) beschäftigen. Dasselbe trifft für die Umweltverbände zu, und noch kleinteiliger ist das Bemühen der Demonstranten angelegt. Das Argument, man muss im kleinen Bereich anfangen, um im Großen etwas zu erreichen, gilt nach 30 Jahren Klimapolitik, in denen dieser Anfang immer wieder beschworen wurde, nicht mehr. Es absorbiert zu viel öffentliche Aufmerksamkeit und Arbeitskraft derer, die sich um eine Lösung des globalen Problems kümmern sollten, und es blockiert die dringend notwendige Diskussion über zielführende Lösungen.

Wir sind seit Jahren daran gewöhnt, dass auf den Bildschirmen die schwindenden Gletscher thematisiert werden, dass zu viel oder zu wenig Regen Verheerungen anrichtet, dass Stürme Häuser und Infrastrukturen zerstören. Wir nehmen die Bilder als das, wie sie gemeint sind, als ein menschengemachtes ungelöstes Problem. Wir leben mit dem Vorwurf der jungen an die älteren Generationen, dass die Älteren das Problem auf Kosten der Jüngeren geschaffen, jedenfalls nicht gelöst haben. Wir leben mit Demonstrationen, die bei uns ein mehrfach ungutes Gefühl auslösen, zum einen ein schlechtes Gewissen, dass wir wohl einen Lebensstil entwickelt haben, der nicht nachhaltig ist, zum anderen die Befürchtung, dass Regelverstöße wie Schule schwänzen oder den Verkehr blockieren durch Festkleben an neuralgischen Orten eine Erosion des gesellschaftlichen Zusammenlebens und Zusammenhalts auslösen könnten, während wir zugleich den Demonstranten so halb darin recht geben, dass in extremen, gar für die Gesellschaft existenziellen Situationen Regelverstöße sehr wohl legitim sind. Was all diesen Beobachtungen gemeinsam ist: Wir werden in vielfältiger Weise seit drei Jahrzehnten immer wieder auf ein ungelöstes Problem gestoßen, und doch geschieht es nicht, dass wir uns damit beschäftigen, wie die Lösung aussehen könnte. Wir sagen zwar, unser Lebensstil ist nicht nachhaltig, und manche von uns bemühen sich, als Individuen nachhaltig zu leben, aber das kann nicht als Lösung eines globalen Problems durchgehen. Oder wir wissen, dass die Lösung auch den Kohleausstieg beinhaltet, und diskutieren über die Demonstrationen in Lützerath, sympathisieren mindestens teilweise damit. Wir wissen aber, dass dies einen kaum messbar kleiner Anteil an dem Gesamtproblem darstellt. Wir flüchten dann gerne in die Bedeutung von Symbolen, aber wenn es bei Symbolen bleibt, kommt schnell die Frustration. Wir verteilen gerne Schuld, am liebsten an „die Politik“ oder an eine ganze Generation oder an das kapitalistische Gesellschaftssystem. Aber auch das ist zu vage, um ein nachhaltiges Urteil, gar einen besseren Lösungsansatz für ein globales Problem zu schaffen. Ist dieser Zustand, ein Menschheitsproblem zu erkennen und über die Lösungsmöglichkeiten jahrzehntelang nicht wirklich zu diskutieren, normal? Die kurze Antwort ist: nein!

Denken wir zum Beispiel an die Hoch-Zeit der Rüstungskontroll-Verhandlungen in den 1970er und 1980er Jahre. Hier gab es heiße öffentliche Debatten in den Medien. Es gab mehr als eine Handvoll kompetenter Journalisten, die das Thema für die Öffentlichkeit in ihrer Komplexität aufbereiteten, und als die NATO ihren Doppelbeschluss fasste – entweder die Sowjetunion zieht ihre Mittelstreckenraketen zurück oder die NATO rüstet nach –, kam es zum Showdown im Bonner Hofgarten (1981) gegen die atomare Bedrohung und zum Sturz der Regierung Helmut Schmidts durch die FDP (1982), weil der Koalitionspartner SPD nicht verlässlich den NATO-Doppelbeschluss vertrat. Immerhin hat dieser gesellschaftliche Streit das einzige Mal in der fast 75-jährigen Geschichte der Bundesrepublik zum Sturz eines Kanzlers oder einer Kanzlerin geführt. Hier ging es um Alternativen von Problemlösungen.

1997 haben viele gedacht, das Kyoto-Abkommen bringe die Welt auf einen guten Lösungsweg. Wenige Jahre später wurde unbestreitbar erkennbar, dass dem nicht so war. Das Absinken der Treibhausgase der Industrieländer wurde um ein Vielfaches überkompensiert durch das Wachsen der Emissionen in den Entwicklungs- und Schwellenländern. Dies wurde verschiedentlich als nachholende Entwicklung deklariert: Man könne schließlich die Entwicklungs- und Schwellenländer nicht in Armut einmauern. Als ob es bei den Kyoto-Verhandlungen nicht genau die Diskussion um das Ende des kolonialen Zeitalters gegeben hätte, als es um die Frage ging, wem die Atmosphäre gehöre. Jeder mit der Materie Beschäftigte wusste vor und nach Kyoto, dass ein Nachahmen des Entwicklungspfades der Industrieländer (1 Milliarde Menschen) durch inzwischen 5 und mehr Milliarden Menschen in den Entwicklungs- und Schwellenländern das Ökosystem zum Kollaps bringen würde. Spätestens als sich der Kyoto-Lösungsweg als trügerisch erwiesen hatte, man ersatzweise auf die Koalition der Willigen umstieg und im Jahr 2009 schließlich COP 15 in Kopenhagen scheiterte, hätte es doch eine öffentliche Debatte über die möglichen Lösungswege geben müssen. Warum kam es nicht dazu?

Ich komme zurück auf den für mich eindrucksvollen Satz von Karsten Sach: „Wenn wir Ihren Ansatz verfolgten, würden wir die Basis verlieren.“ Ich verstehe sehr gut, dass eine Politik, die eine große Strukturveränderung erfordert, bei der es Gewinner und Verlierer gibt, eine unterstützende Basis braucht. Die Basis der Umweltbewegung setzt naturgemäß auf Bottom-up-Aktivitäten: Jeder soll aktiv werden können im privaten Umfeld (Fahrrad statt Auto, Solardach). Demonstrationen (Hambacher Forst, Lützerath) mobilisieren Basisaufmerksamkeit, auch wenn sie gemessen an dem Gesamtproblem kleinteilig sind – das Energieeinspeisungsgesetz ist nur zur Unterstützung der eigenen erneuerbaren Energieerzeugung angelegt. Dahinter steht die Vorstellung, das Problem sei lösbar, wenn weltweit alle Länder und Einwohner sich von der Vorstellung leiten ließen, dass einerseits sparsam mit Energie umzugehen sei und anderseits längerfristig nur erneuerbare Energie zum Einsatz kommen dürfe. Der Wissenschaftliche Beirat der Bundesregierung Globale Umweltveränderungen hat in einem Gutachten nach COP 15 (Kopenhagen) in einem Kapitel „Europäische Glaubwürdigkeit durch Vorbild“ geschrieben:

> „Für den internationalen Klimaschutz könnte die Erklärung eines europäischen 100 %-Ziels für erneuerbare Energien […] bis Mitte des Jahrhunderts […] neuen Anschub bringen.“[62]

Genau dies hat die EU mit dem Green Deal 2019 getan. Der Anschub ist ausgeblieben. Die Wirklichkeit steht dem entgegen, weil der größte Teil der Welt diesem Gedanken nicht folgt. Tatsache ist, dass die Entwicklungs- und Schwellenländer mit ihren Argumenten andere Prioritäten setzen, die schwer zu entkräften sind. China setzt inzwischen als weltgrößter Kohlenutzer pro Kopf mehr Energie ein als die EU und emittiert mehr CO_2 und andere Treibhausgase, obwohl das Einsparpotential beim Energieverbrauch riesig ist, und Indien strebt denselben Entwicklungspfad an wie China. Das ist kein Thema für die Basis der Umweltbewegung, weil es nicht bottom up lösbar ist.

Seit der Berliner Konferenz COP 1 wurde die Umweltbewegung (Umweltverbände, Öko-Institute) nicht nur zur stärksten Stimme der Klimapolitik. Ihre Präsenz bei den jährlichen Vertragsstaatenkonferenzen und als Ansprechpartner für die Medien hat ihr praktisch ein Monopol bei der Beurteilung des globalen Problems geschaffen. Dies war vor den 1990er Jahren keineswegs der Fall, wie in dem Buch von Kai Hünemörder *Die Frühgeschichte der globalen Umweltkrise und die Formierung der deutschen Umweltpolitik*[63] ausführlich beschrieben ist. In den Enquete-Kommissionen der späten 1980er und frühen 1990er Jahren waren die klassischen Parteien dominant. Infolge der nun bei den Umweltverbänden konzentrierten Deutungshoheit kamen wichtige Fragen in der öffentlichen Diskussion fast nicht mehr vor. Dazu zählen die folgenden:

- Bietet sich die Klimakrise als die unzweifelhaft globalste aller Krisen nicht an, das spätkoloniale Denken abzuschaffen, dass globale Güter unentgeltlich von denjenigen am stärksten genutzt und verbraucht werden dürfen, die die politische oder ökonomische Macht dazu haben? Dieses Umdenken wäre nicht nur aus ethischen Gründen angesagt, sondern um eine Chance zu haben, die Entwicklungs- und Schwellenländer auf einen Pfad Richtung Klimaneutralität zu bringen.
- Gibt der Tatbestand, dass über mehr als drei Jahrzehnte die Emissionen der Industrieländer sinken, während sie bei den Entwicklungs- und Schwellenländern massiv steigen, nicht Grund zu überlegen, wo die größten Hebel sind, um den globalen Anstieg der Treibhausgasemissionen zu wenden, anstatt die öffentliche Diskussion ganz überwiegend darauf zu konzentrieren, wie der 1,93-Prozent-Anteil

Deutschlands an den globalen Emissionen schneller abgesenkt werden kann, als er ohnehin sinkt?

- Trägt Deutschland, das sich zwischen 1988 und 1995 sehr verdient darum gemacht hat, dem Klimathema Gewicht auf der globalen politischen Agenda zu verleihen, und deshalb das Klimasekretariat der Vereinten Nationen zugesprochen bekommen hat, nicht eine Verantwortung, um die *globale* Problemlösung im Sinne einer erfolgreicheren Strategie als der bisher verfolgten voranzubringen?

Die Beantwortung dieser Fragen im Sinne einer Problemlösung fällt schwerer als zur Zeit der Kyoto-Verhandlungen. Damals hätte der ganz überwiegende Teil der Menschheit zu den Gewinnern einer gemeinsamen Bepreisung der CO_2-Emissionen und einer Verteilung der Einnahmen pro Kopf gehört. Inzwischen würde China, mit 18 Prozent der Weltbevölkerung für 30 Prozent der globalen Emissionen zuständig, bei einer globalen Bepreisung zu den Verlierern gehören. Indien dagegen emittiert bei einem Bevölkerungsanteil von ebenfalls 18 Prozent nur 7 Prozent der globalen Emissionen. Die genannte Studie des Internationalen Währungsfonds vom 7. März 2023 besagt, dass Indiens Treibhausgasemissionen bis 2040 unter der gegebenen Politik mehr als verdoppelt werden, dass sie aber mit einer moderaten Bepreisung auf weniger als den derzeitigen Stand begrenzt werden könnten. Die indische Regierung argumentiert, dass eine solche Bepreisung angesichts der niedrigen Pro-Kopf-Emissionen nicht angezeigt ist. Ottmar Edenhofer, Direktor des Potsdam-Institut für Klimafolgenforschung, sagte in einem Interview: „China ist der größte Markt für erneuerbare Energie, dennoch steigen die Treibhausgasemissionen weiter an, weil China sogar vermehrt Kohle einsetzt. Man muss das Alte aus dem Markt drängen, und das geht nur über einen CO_2-Preis.“[64] Dies gilt auch für Indien und andere Wachstumsregionen.

China ist als größter Treibhausgasemittent für die globale Begrenzung der Emissionen von großer Bedeutung. Es ist jedoch schwer vorstellbar, dass die von China ausgegebene Emissionskurve eines Anwachsens der Emissionen bis 2030 und eines anschließenden Absinkens bis zur Klimaneutralität 2060 jetzt noch gravierend beeinflusst werden kann. Angesichts des erwartbaren nachholenden Wirtschafts- und Bevölkerungswachstums liegt daher in Indien das größere Potential zur Absenkung der Emissionen gegenüber einem Business-as-usual-Entwicklungspfad. Wenn Indien, unter den Staaten der drittgrößte Emittent der Welt, sich auf einen Weg begibt, den China vorgezeichnet hat, und damit ungefähr eine Vervierfachung seiner Emissionen verursacht und wenn viele Länder Asiens und Afrikas zu einem ähnlichen Entwicklungspfad tendieren, wird man die Ziele von Rio (1992) und Paris (2015) bei Weitem verfehlen. Ein globales Emissionshandelssystem ist anders als in den 1990er Jahren keine reale Option mehr. Dagegen wäre es vorstellbar, den im Pariser Abkommen zugesagten Transfer von 100 Milliarden Dollar an eine nationale Bepreisung der Treibhausgasemissionen zu binden. Dies heißt, dass Staaten ihre Emissionen mit einem Preis (einer Steuer oder besser mit national handelbaren Zertifikaten) versehen würden. Je näher der Preis an einem fiktiven Weltmarktpreis läge, desto mehr würde das Land aus dem Transfertopf honoriert werden, allerdings unter der Voraussetzung, dass das Empfängerland einer Kontrolle hinsichtlich der Verwendung der Zuwendung zur Beschleunigung der Dekarbonisierung der Energiewirtschaft zustimmt. Diese Zustimmung ist im Sinne des Pariser Abkommens ohnehin notwendig. Mit fiktivem Weltmarktpreis ist ein Preis für Emissionen gemeint, der zu der Absenkung der globalen Emissionen zur Erreichung des Klimaziels (1,5 bis 2 Grad) führt.

Dies hätte nicht nur in Ländern wie Indien den Effekt, die Emissionen drastisch zu senken, es würde auch das Problem der globalen Wettbewerbsverzerrung tendenziell lösen und damit den Industrieländern mehr Spielraum bei ihrer Bepreisung der Emissionen geben. In dem von Greta Thunberg herausgegebenen Buch *Das Klimabuch* (2022) schreibt der frühere Chefökonom der Weltbank Nicholas Stern:

> „Es ist sehr wohl möglich, für eine ökonomische Entwicklung in allen Dimensionen einschließlich Einkommen, Gesundheit, Erziehung, Umwelt und sozialen Zusammenhang zu sorgen und zugleich die Probleme des Klimawandels anzugehen."[65]

Sollte darüber nicht viel mehr öffentlich diskutiert werden?

Eine Schuldzuweisung macht in einem rechtsstaatlichen Umfeld nur Sinn, wenn man sicher ist, dass es eine bessere Handlungsalternative gegeben hätte und die Handelnden in diesem Bewusstsein die schlechtere Alternative gewählt haben. Insofern geht es hier auch um den Schutz demokratischer Werte, und ich bin weit entfernt, den politischen Entscheidern, welche die Weichen für die heutige Klimapolitik gestellt haben, oder gar den Umweltverbänden zu unterstellen, dass sie sich in diesem Sinne schuldig gemacht haben. Was ich bedaure, ist, dass es in den vergangenen Jahrzehnten zu keiner von den Medien getragenen öffentlichen Diskussion über die Alternativen zu der Politik, die über Kyoto zu dem Pariser Abkommen geführt hat, gekommen ist und dass die junge Generation sich in Schuldzuweisungen und Demonstrationen zu Problemen im Mikrobereich erschöpft, ohne sich der Frage zu stellen, was die Möglichkeiten für eine Lösung des Problems sind. Ich wünschte mir eine Demonstration zu Gunsten einer engagierten öffentlichen Debatte über die Ansätze zur Lösung dieses Menschheitsproblems, über ihre Kosten und ihre Realisierbarkeit. Es wird doch eine nächste und übernächste Generation geben, die nach den Versäumnissen ihrer Großeltern fragt.

Dank

Ich danke Hanns Maull, Jan Mühlstein und Philipp Müller für Anregungen nach der Lektüre eines Entwurfs und dem Verlag für das sorgfältige Lektorat.

Ein ganz besonderer Dank gilt Gabriele Kröner, Hüttenwirtin auf der Hochalm im Wettersteingebirge. Sie hat mir mit viel Courage und medizinischem Wissen das Leben gerettet, kurz bevor ich dieses Büchlein schreiben konnte.

Literatur

Agawal, Amil / Narain, Sunita, Global warming in an unequal world. A case of environmental colonialism, New Delhi: Centre for Science and Environment, 1991.

Baumol, William J. / Oates, Wallace E., The Theory of Environmental Policy, 2. Auflage, Cambridge, MA: Cambridge University Press, 1988.

Bärwaldt, Konstantin / Leimbach, Berthold / Müller, Friedemann, Globaler Emissionshandel. Internationale Politikanalyse, Friedrich Ebert Stiftung, April 2009.

Brundtland-Bericht, Weltkommission für Umwelt und Entwicklung, Unsere gemeinsame Zukunft, Greven: Eggenkamp, 1987.

Deutscher Bundestag, Schlussbericht der Enquetekommission „Vorsorge zum Schutz der Erdatmosphäre", Drucksache 11/8030, 24.5.1990.

Deutscher Bundestag, Schlussbericht der Enquete-Kommission „Schutz der Erdatmosphäre", Drucksache 12/8600, 31.10.1994.

Dröge, Susanne, Ein CO_2-Grenzausgleich für den Green Deal der EU, Stiftung Wissenschaft und Politik, Berlin, SWP-Studie 9, Juli 2021.

Hünemörder, Kai F., Die Frühgeschichte der globalen Umweltkrise und die Formierung der deutschen Umweltpolitik (1950–1973), Stuttgart: Franz Steiner, 2004.

International Monetary Fund, Country Focus: India. India Can Balance Curbing Emissions and Economic Growth, Washington, D.C., 7.3.2023.

Meadows, Donella H. / Zahn, Erich / Meadows, Dennis, Die Grenzen des Wachstums. Bericht des Club of Rome zur Lage der Menschheit, 1. Auflage 1972, derzeit verfügbar: Stuttgart: Deutsche Verlags-Anstalt, 1987.

Müller, Friedemann, Ökologie und die Wandlung weltwirtschaftlicher Strukturen, in: Albrecht Zunker (Hrsg.), Weltordnung oder Chaos? Baden-Baden: Nomos, 1993, S. 481–495.

Müller, Friedemann, Ökologische Risiken der Weltenergieversorgung, in: Energiewirtschaftliche Tagesfragen, 9/1994, S. 588–591.

Müller, Friedemann, Handelbare Emissionsrechte. Festlegung einer globalen Emissionsobergrenze und gleiche Verteilung von Emissionsrechten pro Kopf, in: ifo Schnelldienst 19/2001, S. 8–11.

Müller, Friedemann, Klimapolitik und Energieversorgungssicherheit. Zwei Seiten derselben Medaille, Stiftung Wissenschaft und Politik, Berlin, SWP-Studie 14, April 2004.

Müller, Friedemann, Globaler Klimaschutz, Lastenteilung unter Bedingung marktwirtschaftlicher Effizienz, in: Silke Franke (Hrsg.), Energie- und Klimapolitik, München: Akademie für Politik und Zeitgeschehen, Hanns Seidel Stiftung, 2016, S. 41–47.

Neubauer, Luisa / Reemtsma, Dagmar, Gegen die Ohnmacht, Stuttgart: Cotta'sche Buchhandlung, 2022.

Obama, Barack, A Promised Land, New York: Penguin Random House, 2020.

Oberthür, Sebastian / Ott, Hermann E., Das Kyoto-Protokoll, Opladen: Leske + Budrich, 2000.

Stern Nicholas, The Economics of Climate Change (Stern-Report), Cambridge: Cambridge University Press, 2006/07.

Thunberg, Greta (Hrsg.), Das Klimabuch, Frankfurt: S. Fischer, 2022.

Töpfer, Klaus, Plädoyer für eine gleichberechtigte Partnerschaft, in: Europa-Archiv, 47 (1992), Heft 9, S. 238–243.

Weizsäcker, Ernst Ulrich von / Wijkman, Anders, Wir sind dran. Was wir ändern müssen, wenn wir bleiben wollen. Club of Rome: Der große Bericht, Gütersloh: Gütersloher Verlagshaus, 2017.

Wicke, Lutz / Schellnhuber, Hans Joachim / Klingenfeld, Daniel, Nach Kopenhagen. Neue Strategie zu Realisierung des 2-Grad-Max-Klimazieles, PIK Report No. 116, April 2010.

Wissenschaftlicher Beirat der Bundesregierung Globale Umweltveränderungen (WBGU), Über Kioto hinaus denken – Klimaschutzstrategien für das 21. Jahrhundert, Berlin 2003.

Wissenschaftlicher Beirat der Bundesregierung Globale Umweltveränderungen (WBGU), Klimapolitik nach Kopenhagen, Politikpapier 6, Berlin 2010.

Zahrnt, Angelika, Emissionshandel – effizientes Instrument oder Mogelpackung, in: ifo Schnelldienst 19/2001, S. 12–14.

Globale Klimaabkommen

Klimaabkommen von Paris (2015): https://www.bmuv.de/fileadmin/Daten_BMU/Download_PDF/Klimaschutz/paris_abkommen_bf.pdf

Klimarahmenkonvention (UNFCCC, 1992): https://unfccc.int/resource/docs/convkp/convger.pdf

Kyoto-Protokoll (1997) https://unfccc.int/resource/docs/convkp/kpger.pdf

Statistische Quellen

BP Statistical Review of World Energy 2022.

Statista 2023

Ziesing, Hans-Joachim, Weltweite CO_2-Emmisionen 2012: Schwächeres Wirtschaftswachstum dämpft Emissionszunahme, in: Energiewirtschaftliche Tagesfragen, 9/2013, S. 96–109.

Ziesing, Hans-Joachim, Kräftiger Anstieg der weltweiten CO_2-Emissionen 2021 auf das hohe Emissionsniveau der Vor-Pandemiezeit, in: Energiewirtschaftliche Tagesfragen, 10/2022, S. 49–61.

H.-J. Ziesing ist langjähriger Geschäftsführender Vorstand der Arbeitsgemeinschaft Energiebilanzen, die für öffentliche Einrichtungen Statistiken zu u. a. den globalen Treibhausgasemissionen aufgeschlüsselt nach Ländern erstellt. Ziesing publiziert die neuesten Daten jeweils im September/Oktober in den *Energiewirtschaftliche Tagesfragen*.

Anmerkungen

1 Weltkommission für Umwelt und Entwicklung (Brundtland-Bericht), Unsere gemeinsame Zukunft, Greven: Eggenkamp, 1987, S. 46.

2 Interview mit Hans Joachim Schellnhuber in der Süddeutsche Zeitung, 13.2.2010, S. 22.

3 Intergovernmental Panel on Climate Change, First Assessment Report.

4 Schlussbericht der Enquetekommission „Vorsorge zum Schutz der Erdatmosphäre", Deutscher Bundestag, Drucksache 11/8030, 24.5.1990.

5 Schlussbericht der Enquete-Kommission „Schutz der Erdatmosphäre", Deutscher Bundestag, Drucksache 12/8600, 31.10.1994, S. 3.

6 Interview mit Klaus Töpfer in Die Zeit, 27.5.1994, S. 33.

7 Interview mit Fatih Birol in Frankfurter Allgemeine Zeitung, 24.10.2021, S. 19.

8 Luisa Neubauer / Dagmar Reemtsma, Gegen die Ohnmacht, Stuttgart: Cotta'sche Buchhandlung, 2022, S. 185.

9 William J. Baumol / Wallace E. Oates, The Theory of Environmental Policy, 2. Auflage, Cambridge, MA: Cambridge University Press, 1988, S. 7.

10 Friedemann Müller, Ökologie und die Wandlung weltwirtschaftlicher Strukturen, in: Albrecht Zunker (Hrsg.), Weltordnung oder Chaos, Baden-Baden: Nomos, 1993, S. 481–495, hier S. 481–483.

11 Klaus Töpfer, in: Frankfurter Allgemeine Zeitung, 10.5.1993, S. B3.

12 Müller, Ökologie und die Wandlung weltwirtschaftlicher Strukturen, S. 490–491.

13 Friedemann Müller, Ökologische Risiken der Weltenergieversorgung, in: Energiewirtschaftliche Tagesfragen, 9/1994, S. 588–591.

14 Friedemann Müller, Handelbare Emissionsrechte. Festlegung einer globalen Emissionsobergrenze und gleiche Verteilung von Emissionsrechten pro Kopf, in: ifo Schnelldienst 19/2001, S. 8–11.

15 https://www.ifo.de/en/publications/2001/article-journal/climate-protection-policy-emission-trading-system-efficient-means

16 Klaus Töpfer, Plädoyer für eine gleichberechtigte Partnerschaft, in: Europa-Archiv, 47 (1992), Heft 9, S. 238–243, hier S. 240.

17 Ebd., S. 238.

18 Sebastian Oberthür / Hermann E. Ott, Das Kyoto-Protokoll, Leske + Budrich, Opladen, 2000, S. 79.

19 „[...] the United States should not be a signatory to any protocol to, or other agreement regarding, the United Nations Framework Convention on Climate Change of 1992, at negotiations in Kyoto in December 1997, or thereafter, which would mandate new commitments to limit or reduce greenhouse gas emissions for the Annex I Parties, unless the protocol or other agreement also mandates new specific scheduled commitments to limit or reduce greenhouse gas emissions for Developing Country Parties within the same compliance period", 105th Congress 1st Session, S.Res.98, https://www.nationalcenter.og/KyotoSenate.html.

20 Anil Agawal / Sunita Narain, Global Warming in an Unequal World: A Case of Environmental Colonialism, New Delhi: Centre for Science and Environment, 1991, zitiert nach Ernst Ulrich von Weizsäcker / Anders Wijkman, Wir sind dran. Was wir ändern müssen, wenn wir bleiben wollen. Club of Rome: Der große Bericht, Gütersloh: Gütersloher Verlagshaus, 2017, S. 256.

21 Oberthür/Ott, Das Kyoto-Protokoll, S. 248.

22 Siehe ebd., S. 245.

23 Ebd., S. 25.

24 Ebd., S. 348.

25 Ebd.

26 Eigene Berechnung auf der Datenbasis von Hans-Joachim Ziesing, Kräftiger Anstieg der weltweiten CO_2-Emissionen 2021 auf das hohe Emissionsniveau der Vor-Pandemiezeit, in: Energiewirtschaftliche Tagesfragen 10/2022, S. 49–61, hier S. 53.

27 Hans-Joachim Ziesing, Weltweite CO_2-Emmisionen 2012: Schwächeres Wirtschaftswachstum dämpft Emissionszunahme, in: Energiewirtschaftliche Tagesfragen, 9/2013, S. 96–109, hier S. 98.

28 Müller, Ökologische Risiken der Weltenergieversorgung, S. 590.

29 Oberthür/Ott, Das Kyoto-Protokoll, S. 245.

30 Eigene Berechnung auf der Datenbasis bei Ziesing, Kräftiger Anstieg der weltweiten CO_2-Emissionen 2021, S. 53.

31 Siehe z. B. Konstantin Bärwaldt / Berthold Leimbach / Friedemann Müller, Globaler Emissionshandel. Friedrich Ebert Stiftung, Internationale Politikanalyse, April 2009, S. 15.

32 Eigene Berechnungen auf der Datenbasis von BP Statistical Review of World Energy 2022, S. 27; Statista 2023.

33 Die Daten gemäß Ziesing, Weltweite CO_2-Emissionen 2012.

34 Eigene Berechnung auf der Datenbasis von Ziesing, Kräftiger Anstieg der weltweiten CO_2-Emissionen 2021.

35 BP, Statistical Review of World Energy 2022, S. 8.

36 Berechnet nach ebd., S. 12.

37 Publiziert im Januar 2007 als Nicholas Stern, The Economics of Climate Change, Cambridge: Cambridge University Press, 2006/07.

38 Angelika Zahrnt, Emissionshandel – effizientes Instrument oder Mogelpackung, in: ifo Schnelldienst 19/2001, S. 12–14.

39 Donella H. Meadows / Erich Zahn / Dennis Meadows, Die Grenzen des Wachstums. Bericht des Club of Rome zur Lage der Menschheit, 1. Auflage 1972, derzeit verfügbar: Stuttgart: Deutsche Verlags-Anstalt, 1987.

40 Der OPEC gehören überwiegend arabische Länder am Persischen Golf, aber auch in Nordafrika (Libyen, Algerien) an, ebenso Venezuela und der Iran, der wie die arabischen Ländern Israel das Existenzrecht absprach.

41 Siehe seine Memoiren: Barack Obama, A Promised Land, New York: Penguin Random House, 2020, S. 503–516.

42 Ebd., S. 515.

43 Ebd., S. 516.

44 The New York Times, 21.12.2009.

45 WBGU, Klimapolitik nach Kopenhagen, Politikpapier 6, Berlin 2010.

46 Ebd., S. 14.

47 Ebd., S. 5.

48 Lutz Wicke / Hans Joachim Schellnhuber / Daniel Klingenfeld, Nach Kopenhagen. Neue Strategie zur Realisierung des 2-Grad-Max-Klimazieles, PIK Report No. 116, April 2010.

49 Ebd., S. 7.

50 Ebd., S. 9. Die Autoren berufen sich dabei auf den damaligen Chefökonomen und heutigen Direktor des Potsdam-Instituts, Ottmar Edenhofer, und auf Matthias Kalkuhl vom Mercator Research Institute on Global Commons and Climate Change.

51 Ebd., S. 13.

52 Süddeutsche Zeitung, 13./14.2.2010, S. 22.

53 Die in diesem Abschnitt verwendeten Daten und Argumente beziehen sich auf die folgende Quelle: Susanne Dröge, Ein CO_2-Grenzausgleich für den Green Deal der EU, Stiftung Wissenschaft und Politik, Berlin, SWP-Studie 9, Juli 2021.

54 Siehe Oberthür/Ott, Das Kyoto-Protokoll, S. 31–33.

55 International Monetary Fund, Country Focus: India. India Can Balance Curbing Emissions and Economic Growth, Washington, D.C., 7.3.2023.

56 Vergleich mit Deutschland, Frankreich und Italien, siehe Ziesing, Kräftiger Anstieg der weltweiten CO_2-Emissionen 2021, S. 59.

57 Interview mit Ottmar Edenhofer in der Süddeutsche Zeitung, 23.11.2010, S. 28.

58 Diese und die folgenden Daten sind Berechnungen aus dem Zahlenwerk von Ziesing, Kräftiger Anstieg der weltweiten CO_2-Emissionen 2021.

59 BP Statistical Review of World Energy 2022, S. 39.

60 Statista 2023.

61 Interview mit Ottmar Edenhofer in Süddeutsche Zeitung, 23.11.2010, S. 28.

62 WBGU, Klimapolitik nach Kopenhagen, S. 7.

63 Kai F. Hünemörder, Die Frühgeschichte der globalen Umweltkrise und die Formierung der deutschen Umweltpolitik (1950–1973), Stuttgart: Franz Steiner Verlag, 2004.

64 Interview mit Ottmar Edenhofer in Süddeutsche Zeitung, 29.12.2022.

65 Greta Thunberg (Hrsg.), Das Klimabuch, Frankfurt a. M.: S. Fischer Verlag, 2022, S. 337.

Zeitfracht Medien GmbH
Ferdinand-Jühlke-Straße 7
99095 Erfurt, Deutschland
produktsicherheit@kolibri360.de